和古代恐龍做朋友

監修・田中康平 × 執筆・丸山貴史 × 漫畫・松田佑香
翻譯・陳幼雯 × 中文版審定・蔡政修

前言

漁夫義大利麵是什麼？單一選區制是什麼？是「需要」還是「須要」？什麼時候可以講「好棒棒」？世界上充滿了存在已久，事到如今也問不出口的事物。

恐龍也不例外，恐龍在圖鑑中的顏色是怎麼決定的？毛茸茸的恐龍存在嗎？聽說恐龍沒有滅絕，真的嗎？你有辦法回答這些問題嗎？

假設你和情人去了恐龍展。

「哇，這隻叫中華龍鳥耶，牠的骨骼周邊黑黑的，為什麼啊？」情人問。

這個時候你不妨好整以暇地回答。

「這是羽毛的痕跡喔，牠活著的時候有一身毛茸茸咖啡色的毛，尾巴是條紋狀，聽說是透過掃描電子顯微鏡的分析知道的。」

聽到這些話，情人一定會不斷眨眼睛，對你敬佩不已，接下來的約會想必也會很順利。

如果當代的你還想和古代的恐龍做朋友，本書不但有滿滿的相關知識，而且不時出現一些最新的研究成果，研究者看了也會笑呵呵。比方說鐮刀龍這一類的恐龍會集體築巢保護恐龍蛋等，我們研究者在全世界蒐羅來的研究壓箱寶，都井然有序編進了本書。除此之外，恐龍的四格漫畫也很可愛，《和古代恐龍做朋友》實在是好棒棒啊（這樣用對嗎？）。

總之談論恐龍的本書是很迷人的，讀了本書後對恐龍高談闊論的讀者就更為迷人了。畫完大餅給各位之後，我決定去訂漁夫義大利麵了。

恐龍學家　田中康平

古代恐龍朋友圖鑑

暴龍（*Tyrannosaurus*）

白堊紀尾聲登場，肉食恐龍的最終形態。又巨大又強悍，是每個少年少女恐龍的偶像。暴龍小時候的體型可能很苗條，而且還有長羽毛？

蜥臀類・獸足類／12-13m

三角龍（*Triceratops*）

人氣第一的植食性恐龍，與暴龍都在白堊紀尾聲棲息於北美，彼此可能是對手？三隻長角與大小適中的頸盾形成了黃金比例。

鳥臀類・角龍類群／8-9m

迅猛龍（*Velociraptor*）

動作敏捷的小型肉食恐龍，後肢的其中一根趾爪特別巨大。這根趾爪名為鐮爪（sickle claw），步行時要往上抬以免礙事。

蜥臀類・獸足類／1.8m

始祖鳥（*Archaeopteryx*）

兼具恐龍與鳥類的特徵，被認為是最原始的鳥類，不過這並不代表始祖鳥的後代變成了現在的鳥類。有人說牠會飛行，也有人說牠只會滑翔……？

鳥類／0.5m

禽龍（*Iguanodon*）

用堅硬的喙嘴把植物扯近食用，是典型的鳥腳類。棲息範圍廣，遍及歐洲、北美、亞洲和非洲。

鳥臀類・鳥腳類／10m

腕龍（*Brachiosaurus*）

前肢比後肢長很多，在高大的蜥腳形類恐龍中依然顯得特別高大。鼻子上方的隆起是牠的魅力所在。

蜥臀類・蜥腳形類／25m

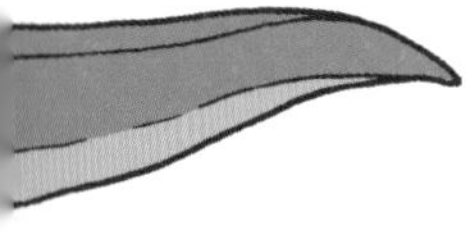

甲龍（*Ankylosaurus*）

以凹凸不平的硬皮和厚石板般的尾巴保護自己，甲龍類群中最大的物種。

鳥臀類・甲龍類群／9m

蜥臀類・獸足類／11m

恐手龍（*Deinocheirus*）

雖然是雙足步行的獸足類，前肢卻很巨大，拉丁學名的意思是「恐怖的手」。

副櫛龍（*Parasaurolophus*）

頭蓋骨延伸形成冠飾，其中的中空似乎可以震動產生巨響？

鳥臀類・鳥腳類／11m

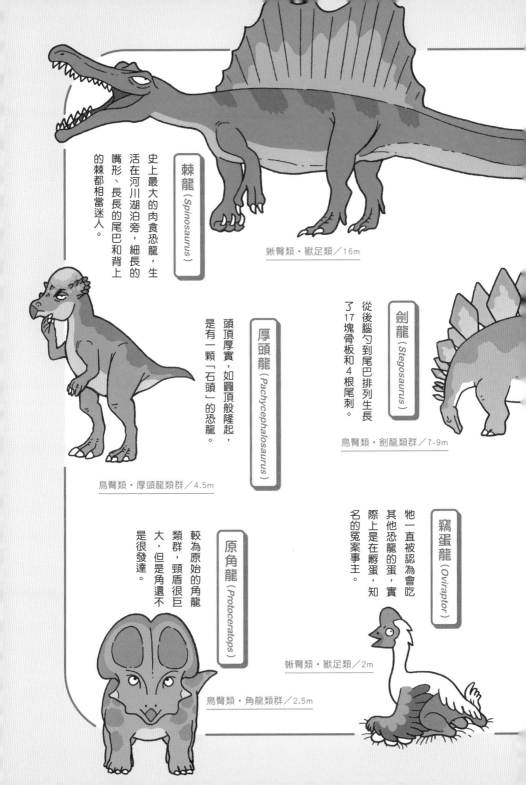

棘龍（*Spinosaurus*）

史上最大的肉食恐龍，生活在河川湖泊旁，細長的嘴形、長長的尾巴和背上的棘都相當迷人。

蜥臀類・獸足類／16m

劍龍（*Stegosaurus*）

從後腦勺到尾巴排列生長了17塊骨板和4根尾刺。

鳥臀類・劍龍類群／7-9m

厚頭龍（*Pachycephalosaurus*）

頭頂厚實，如圓頂般隆起，是有一顆「石頭」的恐龍。

鳥臀類・厚頭龍類群／4.5m

竊蛋龍（*Oviraptor*）

牠一直被認為會吃其他恐龍的蛋，實際上是在孵蛋，知名的冤案事主。

蜥臀類・獸足類／2m

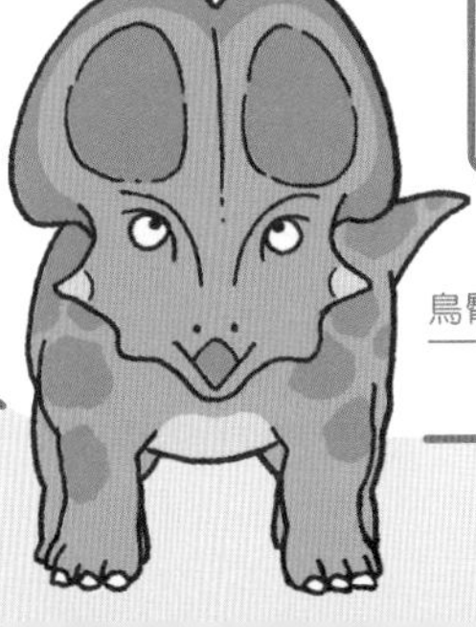

原角龍（*Protoceratops*）

較為原始的角龍類群，頸盾很巨大，但是角還不是很發達。

鳥臀類・角龍類群／2.5m

恐龍家族的大致分類

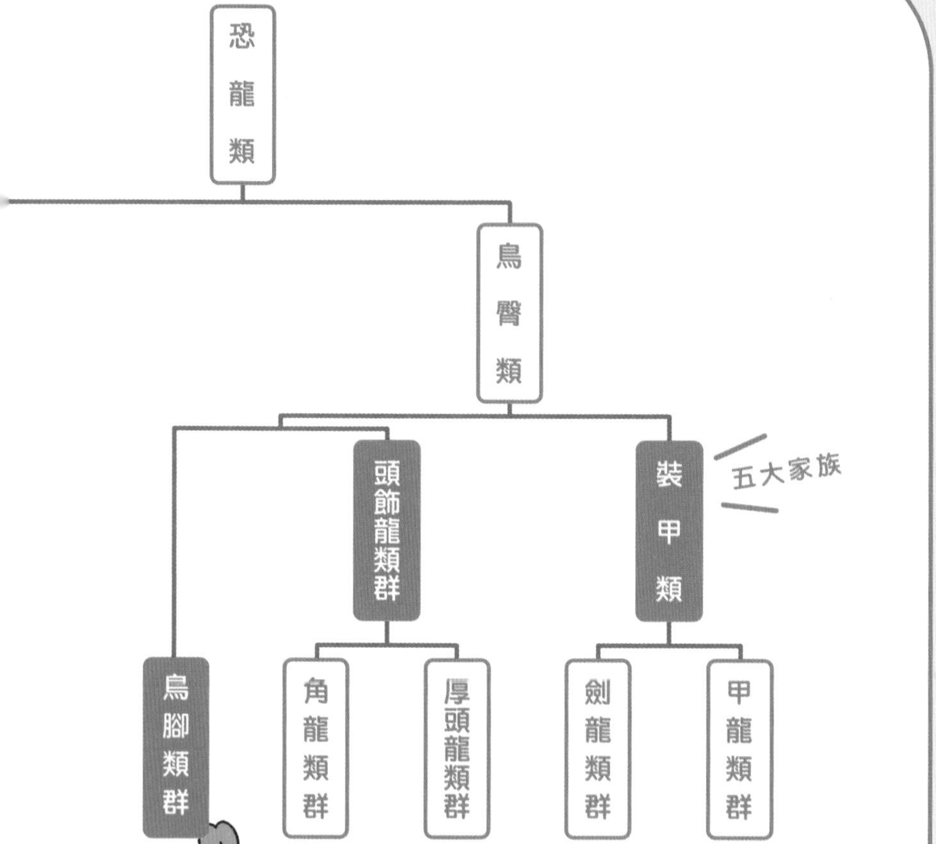

劍龍類群代表
劍龍

甲龍類群代表
甲龍

厚頭龍類群代表
厚頭龍

鳥類代表
始祖鳥
蜥臀類
獸足類代表
暴龍
鳥類
獸足類
蜥腳形類
蜥腳形類代表
腕龍
鳥腳類代表
禽龍
角龍類群代表
三角龍

恐龍生存的大致時代

白堊紀

1億4500萬年前～　6600萬年前

氣候

溫暖的時代，有些地區會有四季變化

大陸

大陸繼續分裂，分裂成好幾個區塊

● 禽龍和鴨嘴龍類在整個白堊紀都特別興盛

● 鳥類持續演化，鳥類漸漸取代翼龍，天空成為牠們的天下

● 暴龍、三角龍、甲龍等明星恐龍在白堊紀最末期出現！

三疊紀

2億5200萬年前

氣候

炎熱乾燥的時代

大陸

超大陸盤古大陸

→ 後期盤古大陸開始一分為二

- 中期，恐龍誕生！此時恐龍還很弱小

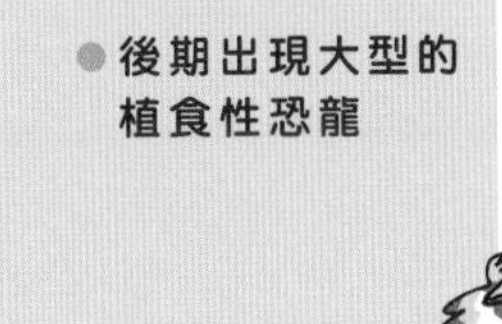

- 後期出現大型的植食性恐龍

侏羅紀

2億100萬年前～

氣候

多雨的熱帶氣候

大陸

大陸分裂為北方的勞亞古陸與南方的岡瓦納大陸

- 中期劍龍類登場，各種劍龍類到早白堊紀為止都很興盛

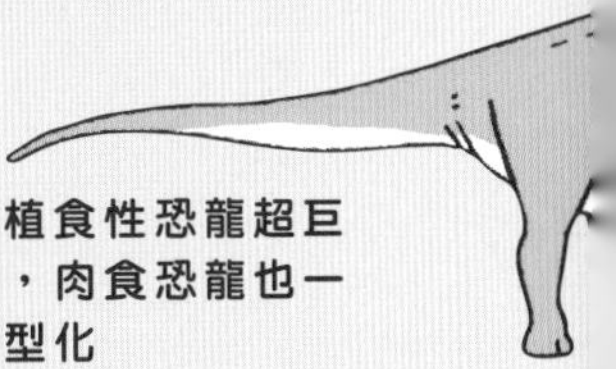

- 後期植食性恐龍超巨型化，肉食恐龍也一併巨型化

- 後期始祖鳥這一類的原始鳥類誕生！

目錄

第2章 看過來！超級巨星們在這裡

第3章 恐龍的平凡日常

第4章 恐龍也想談戀愛

第5章 我不是恐龍，但是我也很厲害

第6章 恐龍研究的羅曼史

第1章

天大的誤會與小小的誤會

恐龍不是怪獸

很久很久以前
轟隆
轟隆
這片土地上，存在著雙腳站立的巨大生物——
吼吼!!
牠有銳利的牙齒，勇猛的背鰭，
拖著長長的尾巴步行——
而且還會從口中射出火焰。
牠所向無敵，人稱恐怖的蜥蜴——
我聽你在唬爛。
怎麼可能有那種生物啦。
認清現實好嗎？

我想應該沒有讀者會把恐龍和怪獸混為一談，不過既然本書的書名是「和古代恐龍做朋友」，我還是先從「恐龍」的入門開始介紹。

怪獸原本在中國就是「妖怪」的意思，如今在日本比較容易聯想到「特效作品中出現的巨大生物」。《超人力霸王》的怪獸就不用說了，《環太平洋》中的巨大生物武器也是叫「怪獸」。第一個為怪獸奠定形象的就是有怪獸王之稱的哥吉拉。

據說哥吉拉的設計參考了恐龍，不過哥吉拉在作品中的設定是「正在演化成陸生哺乳類的中生代海生爬蟲類」。其實大家都知道哺乳類的祖先不是爬蟲類，而是更原始的四肢動物，不過畢竟《哥吉拉》的上映年代久遠（1954年），我們就睜一隻眼閉一隻眼吧。總之，因為這隻知名的怪獸是以恐龍為原型，導致有不少長輩與觀眾把恐龍和怪獸混為一談。

所以怪獸和恐龍有什麼差異呢？講起來也滿直接的，就是差在是否實際存在而已。還有一個很大的差異是，恐龍無法像哥吉拉一樣挺胸站立。就算是雙足行走的恐龍，走路時也會稍微前傾，尾巴不會拖在地上。最近的哥吉拉已經不會拖著尾巴走了，但是依然保持著直立的姿勢，因此如果看到挺胸站立的模型，應該就能確定那不是恐龍。

龍言龍語

順帶一提，「獸」是哺乳類的意思，
在稱呼爬蟲類的巨大生物時，感覺應該不是叫「怪獸」，
而是要叫「怪龍」吧。

恐龍到底是何方神聖？

唔喔喔喔喔
爹地，我們和其他生物差在哪裡啊？
毛毛的？
大小？
唔喔喔喔喔
喔喔…
步行方式？
食物？
抱歉，爹地。
沒想到讓你那麼傷腦筋。
唔～
唔～

好的，回歸正題，恐龍到底是什麼生物呢？舉例來說，暴龍（*Tyrannosaurus*）、劍龍（*Stegosaurus*）、腕龍（*Brachiosaurus*）的學名都有「saurus」，牠們也都是恐龍，可是如果馬上說有「saurus」的就是恐龍，那就操之過急了。同樣有「saurus」的滄龍（*Mosasaurus*）是巨大的海生蜥蜴，薄片龍（*Elasmosaurus*）是蛇頸龍，魚龍是*Ichthyosaurus*，其實「saurus」是「蜥蜴」的意思，現生的傘蜥蜴學名也是*Chlamydosaurus*。恐龍是爬蟲類，所以剛好在命名的時候常常會用到saurus而已。

而在爬蟲類之中，恐龍最顯著的特徵就是腳的形態。只要想像一下蜥蜴應該就很好理解，幾乎所有爬蟲類的腳都會往軀體的左右側伸展，不過恐龍的腳是往軀體下方生長，與我們哺乳類相同。因此恐龍在步行的時候不需要左右扭擺軀體，腹部也不會摩擦地面，具有較高的運動能力。如果腳的形態不是這樣，牠們就無法雙足步行，也因為牠們可以雙足步行，前肢才能得到自由，有些恐龍還演化出用翅膀展翅高飛的類型。

順帶一提，恐龍的定義是「三角龍與家麻雀的最近共同祖先（MRCA）生出的所有後代」，照這個定義來看，我們可以說「鳥類就是恐龍」。

龍言龍語

讀到「幾乎所有爬蟲類的腳都會往軀體的左右側伸展」的時候，
你是不是想到了沒有四肢的蛇蜥？請你以後不要那麼機靈喔。

鳥類是恐龍

地面有各式各樣的傢伙。
有的很大…有的毛茸茸…但是…
又毛茸茸又能在天上飛的…
(應該)只有本大爺啦!!!
天哪——這就是所謂的天賦異稟？
我好像走在時代的尖端呢。
這是個全新的時代啊!!
我未來生生世世一定都香火不斷的!!

各位聽說過「鳥類是恐龍」這件事嗎？以前我們想像的恐龍都是巨大的爬蟲類，但是恐龍與鳥類的關係漸漸被釐清，如今牠們已經密不可分了。

恐龍大致可以分成蜥臀類和鳥臀類這兩種，所有鳥類都是從蜥臀類的獸足類恐龍演化而來的。獸足類以肉食恐龍為主，只用後肢行走，如暴龍。牠們的前肢得到了自由，其中某些恐龍為了維持體溫而讓鱗片變成了羽毛，羽毛又覆蓋前肢變成翅膀。

鳥類最知名的祖先大概就是始祖鳥吧，1860年，德國晚侏羅紀的地層中發現了始祖鳥，牠是連結鳥類與恐龍的關鍵，備受關注。不過我們又在20世紀尾聲發現了許多帶有羽毛的恐龍，曾是鎂光燈焦點的始祖鳥於是黯淡了下來。從此以後，鳥類與恐龍之間再也無法劃出涇渭分明的界線了。

這也不難理解，演化本來就是長時間的連續性變化，想當然沒辦法說「以某隻恐龍為準，牠以前的都不是鳥類，牠的後代就都是鳥類」。也剛好我們幸運地發現了介於兩者形態之間的化石，因此才難以劃分界線。

龍言龍語

我們不會說「人類是從哺乳類演化來的」，
因此說「鳥類是從恐龍演化來的」也有點奇怪。
鳥類就是恐龍。

毛茸茸的恐龍出乎意料地多

我們對恐龍樣貌的理解會與時俱進，不過恐龍皮膚很難成為化石留下來，因此這方面的研究也一直沒什麼進展，結果恐龍有很長一段時間都與鱷魚和蜥蜴一樣，被描繪成長滿鱗片的模樣。不過到了20世紀末，這樣的形象徹底翻盤了，原因在於我們發現了「有羽毛恐龍」。

紀錄顯示中國遼寧省1996年出土了小型的恐龍，這次發現的恐龍被命名為「中華龍鳥」（*Sinosauropteryx*），牠全身骨頭的周圍都有「泛黑的線」，經過分析之後，確定這就是羽毛。**後來中國與其他地方又陸續出土了有羽毛恐龍，我們才意外發現這種恐龍其實滿多的。**

話雖如此，也不代表所有恐龍都有羽毛，已知有羽毛的全都是獸足類恐龍。獸足類就是鳥類的祖先，因此研判羽毛的演化只在獸足類祖先身上發生過一次，然後牠們的後代也繼承了下來。

不過近年又發現**鳥臀類的鸚鵡嘴龍（*Psittacosaurus*）和庫林達奔龍（*Kulindadromeus*）身上也有羽毛的痕跡**，因此恐龍可能從鳥臀類和蜥臀類共同祖先的時代開始就已經有羽毛了。鳥臀類的羽毛如針狀一般，與其說是羽毛，反而更像哺乳類的毛髮，目前找到的化石中，也沒看到牠們擁有演化的獸足類身上的「正羽」或「絨羽」，看來我們現階段應該不用擔心會看到劍龍或三角龍頭上插著飾羽的模樣。

龍言龍語

始祖鳥和烏鴉明明也都是有羽毛恐龍，
說20世紀末發現的中華龍鳥是「首次發現的有羽毛恐龍」
好像有點怪怪的呢。

幾乎所有恐龍都比狗還要小？

我們常以為恐龍都很巨大，但實際上卻未必，舉例來說，小型的肉食恐龍美頜龍（*Compsognathus*）全長就只有1公尺左右。全長1公尺聽起來好像比狗更大，不過這其中藏有一些計算的陷阱。哺乳類的狗是以「體長」計算，從鼻尖量到尾巴的根部，爬蟲類的恐龍則是以「全長」計算，從鼻尖量到尾巴的末端，因此爬蟲類的巨大是被尾巴的長度灌水灌出來的。

順帶一提，全長1公尺比動物園常見的綠鬣蜥還小，美頜龍的體重可能頂多只有2公斤左右，代表凶神惡煞的美頜龍比剛出生的人類嬰兒還要輕。除此之外，鳥類近親的馳龍類也有很多小型的恐龍，比方說大家很熟悉紅色頭冠的近鳥龍（*Anchiornis*），連同尾巴總共只有34公分。

實際上以恐龍的化石去推算體重的話，超過半數的恐龍似乎都比老虎更輕，而且考量到越小型的恐龍，骨骼就越脆弱，也越難留下化石，代表小型恐龍應該比實際出土的化石更多。話雖如此，史上最大的陸生動物依然毫無疑問非恐龍莫屬。

龍言龍語

補充說明，人類的大小不是用「身體長度」，
而是用從地面到頭頂的「身高」表示喔。
企鵝和鴕鳥有時候也會用從頭到腳的長度來表示身高。

巨大的恐龍竟然很輕盈？

我們常會因為體型大而被以為很笨重呢
啊～
在肉食仔的眼中可能是吧。
可是你看，
砰砰
砰砰
我對於自己的腳程很有信心喔。
哇——
其實我也是～
砰砰
砰砰
哎呀！
不錯唷！
來比一場!!!
欸——哈哈哈哈哈
砰砰
我才不會輸～哈哈哈哈哈
砰砰
砰砰
砰砰
哇咧
砰砰砰砰的吵死了啦啊啊啊!!!

我們以前都把大型恐龍的體重估得比現在重非常多，比方說腕龍全長15公尺，以前推估的體重是70噸，現在認為可能只有70噸的一半。過去有一說認為「腕龍可能重到只有在水裡才能支撐牠的重量」，現在我們認為牠們可以輕盈地走來走去，尾巴不會著地。

在恐龍的輕量化中扮演重要角色的就是「氣囊」，我們哺乳類需要用橫隔膜這塊肌肉擠壓或舒展肺臟替換肺臟的空氣，因此需要交互著吸氣和吐氣。然而恐龍肺部前後有氣囊這種類似幫浦的器官，吸進的空氣會一直線通過肺臟後被吐出來。這代表牠們會一直吸到新鮮空氣，耐得住氧氣稀薄的環境。鳥類也一樣，牠們能在空氣稀薄的天上翱翔多虧了氣囊。

此時很疑惑「不是要講身體輕盈嗎」的你，先不要著急。腕龍這種蜥腳形類的脊椎骨具有一定的強度，卻呈現中空的狀態，而且還有巨大的空洞，這個原理類似改造迷你四驅車時的「鑽孔」。氣球般的氣囊會嵌在空洞中，於是頸骨就得以輕量化。而且牠們的頭非常小，又是以吊橋結構（參考61頁）支撐頸部與尾巴，需要的肌肉量就會很少，因此大型恐龍不必倚靠反重力裝置，也可以兼顧大型化與輕量化。

龍言龍語

體型如果過大，身體就會很難降溫，
因此大型化還是有其極限，氣囊似乎也有助於降溫。

初期的恐龍其實很弱小

我有一個夢想。
我希望未來能成為巨無霸生物!!
不只是這樣。
我也很嚮往能飛上天空!!
我還想跑得比別人快……
想擁有比別人強大的力量……
要做什麼夢，是我的自由！
……。
嗯……
雖然我這輩子應該無法達成了，可是……
笨重…
就算只是做夢，我還是自由的！
笨重…

恐龍並不是從一開始就突然變成了巨無霸，最古老的恐龍化石是從大約2億3000萬年前的三疊紀地層出土的，當時的恐龍還不是所向披靡的王者，牠們的地位不上不下，類似「贏得官渡之戰前的曹操」。最古老的恐龍是什麼模樣呢？

最有名的就是始盜龍（*Eoraptor*），牠們全長1公尺，是雙足步行的雜食性恐龍。學名有「raptor」的彷彿都具有獸足類的殘暴特質，不過其實牠們被認為是原始的蜥腳形類，不管是獸足類或蜥腳形類都屬於蜥臀類。

從同樣的地層中，也出土了可能是鳥臀類的皮薩諾龍（*Pisanosaurus*）化石，牠們全長約1公尺，可能是雙足步行的植食性恐龍。

始盜龍和皮薩諾龍的化石雖然分屬於蜥臀類和鳥臀類，但是牠們同樣都是小型、長頸、小頭、雙足步行，外型很像小型的獸足類。因此雖然目前還沒有發現恐龍的共同祖先，不過恐龍的共同祖先大概也一樣是可愛的小型爬蟲類，會用一雙長在身體正下方的腳到處走來走去。

順帶一提，2億5000萬年前的早三疊紀地層出土了異趾虎（*Prorotodactylus*）的化石，而且是只有足印的化石。異趾虎可能屬於早於恐龍階段的恐龍形態類（*Dinosauromorpha*），牠們還不是雙足步行，而是四足步行。

龍言龍語

三疊紀還有很多鱷魚祖先與哺乳類祖先的天敵，
因此恐龍還無法稱霸天下。

萬中選一的化石人才

爹地啊，我們死後會怎麼樣呢？
唔喔喔喔…
只剩骨頭…？
咻——
總有一天會消失…？
我自己是覺得啊，
就算死了，我們的樣子或許會一直留著耶。
靜——
一直留著…？
那意識呢…？
動彈不得，一直很痛苦…？
好可怕。

目前有超過1100種的恐龍被命名，但是現在地球上的爬蟲類和鳥類各有1萬種左右，經過1億7000萬年演化的恐龍不可能只有1100種。沒錯，這代表已出土的化石只是極少數的恐龍而已。

有全身骨骼的化石更是少數中的少數，大部分都只會找到齒骨或腳骨，只有身體的一部分而已。在只找到齒骨的情況下，雖然可以知道是哪個類群的恐龍，但是沒有辦法分辨是新種或已知的種類。

其實生物要在骨骼粉碎以前就被埋到地底才能成為化石，尤其是全身骨骼，不但不能被其他動物啃食，還要迅速沉到湖底，不然就會被五馬分屍。接下來，需要經過很長的時間，讓身體成分順利被地底的礦物取代，而即便順利取代後變成化石了，如果埋藏化石的地層沒有順利露出地表，依然不會被發現。

可見光是能發現化石就是奇蹟了，有些恐龍像禽龍一樣出土了幾十副的全身骨骼，不難想像當時有多大量的個體存在過。相反地，有些恐龍是只出土一組化石的罕見種，但是既然都留下了化石，代表非常有可能是極為普通的種類。

龍言龍語

據說目前發現的恐龍種類還不滿整體的1%，
以後應該還會不斷有新發現吧。

暴龍不會大吼大叫？

唔喔喔喔喔
太好了，爹地!!
大獵物啊!!
爹地啊，
這種時候要不要來一個勝利的咆哮？
唔…
唔喔喔喔喔～…
……。
靜——
跟平常的差不多耶。
抱歉，爹地，我太勉強你了…

恐龍的影視作品中總是少不了暴龍的咆哮場景，暴龍張開血盆大口吼叫的模樣真的很有震撼力，如果這個場景靜音的話，恐怖感也會減半吧。而暴龍的叫聲是依照什麼證據來重現的呢？其實是無憑無據。

發音器官包括人類的聲帶都是柔軟的組織，通常不會留下化石，因此恐龍的叫聲，或者連恐龍是不是有叫聲都是未知數。暴龍的咆哮是創作者在現生動物的聲音基礎上，以個人喜好進行的創作，這與單純的怪獸電影是同樣的情況。

不過我們推測某些恐龍還是會發出聲音，比方說副櫛龍頭骨的突起處可能是用來發聲的。副櫛龍頭骨突起處的內部有個管狀通道，只要快速送入空氣就能發出類似電車鳴笛的「叭」一聲。

有些研究透過倖存的恐龍，也就是鳥類，以及比較近親的鱷魚來推測恐龍是否有叫聲。鴕鳥或鱷魚到了繁殖期時，會在喉嚨中鼓飽空氣發出「咕哞」這種低沉的沉吟聲，代表恐龍也有可能發出這樣的聲音。而且鴕鳥和鱷魚寶寶會發出「嗶嗶」的高頻聲音，所以一身羽毛的恐龍寶寶搞不好也是發出高頻的聲音，跟在媽媽的身後走。

龍言龍語

在晚白堊紀的鳥類化石中，發現了鳴管這種發音器官的化石，
不過這是變成鳥類的過程中演化出來的器官，恐龍也許沒有。

有些恐龍可能七彩斑斕

那…那是!?
莫非是七彩斑斕的夢幻毛毛仔!?
閃亮亮
咦!!?
哇啊~太榮幸了~
太好了~
據說看到七彩斑斕夢幻毛毛仔的人可以實現所有願望喔!!
也太猛了吧!!!!
啊，你看!!是七彩毛毛仔!
……。
好棒喔!!據說只要看一眼就有機會不老不死，很夢幻的…!!!
說不出口…
啊!
那不是…
太讚了!!
其實什麼都不會發生，但我說不出口…

「恐龍的膚色是未知數」是還滿有名的一件事，因為柔軟的皮膚幾乎不會留下化石，化石也極少會留下色素。在為恐龍的復原插畫上色的時候，向來要仰賴創作者的想像力，大多數人會考量棲息環境，並參考現生的爬蟲類，有些人也滿前衛的，畫出讓人誤以為是NIKE跑鞋Psychedelic Lava般的迷幻色彩。不過不管畫的是什麼顏色，都沒有人可以斷定是對或錯。

然而2010年以後，這個共識漸漸改變了。研究員用電子顯微鏡看了中華龍鳥的羽毛化石之後，發現牠背部到尾巴的羽毛是咖啡色，而且尾巴是條紋狀。

2018年更發現有些恐龍的羽毛（可能）是七彩的。這種恐龍就叫彩虹龍（*Caihong*）！彩虹龍外表幾乎和鳥類相同，牠們無法飛行，不過頭部、胸部和尾巴的羽毛具有與現生蜂鳥的彩色羽毛類似的構造，因此彩虹龍的羽毛可能也散發著彩虹般的金屬光澤。我們目前對於恐龍的膚色還不是很清楚，不過至少牠們的羽毛很有可能與現生的鳥類一樣，具有繽紛的色彩。

龍言龍語

鸚鵡嘴龍背部的鱗片是深咖啡色，腹部的是淺咖啡色，
這是唯一一個鱗片色已知的例子。

你說的劍龍是哪一種劍龍？

這一篇要來談大家最喜歡的學名問題，生物的分類有分很多層級，好比說人類屬於動物界、脊索動物門、哺乳綱、靈長目、人科、人屬、智人。種名以屬名和種小名標記是全球共通的規則，這種標記叫作二名法，比方說人類的種名就是*Homo sapiens*。

那麼恐龍的名字呢？*Tyrannosaurus rex*是暴龍的種名，可是圖鑑中應該都只會出現*Tyrannosaurus*或*Stegosaurus*這些屬名，這是因為恐龍的細項分類還不是很清楚的關係。舉例來說，老虎與獅子都是豹屬（*Panthera*），只看骨骼根本無法辨別異同，更何況恐龍化石都只有身體的一部分而已，無法進行「種」層級的分類，因此像暴龍這種一屬一種的恐龍不在少數。

不過有些恐龍像劍龍屬一樣，還有細分成狹臉劍龍（*Stegosaurus stenops*）和蹄足劍龍（*Stegosaurus ungulatus*），這種情況下，光說「劍龍」也不知道指的是哪一種。不過狹臉劍龍和蹄足劍龍到底是不是同種本來就還值得存疑，一般書中也很少會去區別異同，因此就恐龍來說，把屬名當作種名來理解通常都不會出什麼問題。

龍言龍語

有一說認為特暴龍屬的勇士特暴龍（*Tarbosaurus bataar*）
應該是暴龍屬，如果是的話，
牠的種名就會變成*Tyrannosaurus bataar*了。

暴龍和三角龍的最大差異在恥骨

恐龍大致可以分成鳥臀類和蜥臀類這兩類，這兩大類的決定性差異是什麼？其實是恥骨的形狀。

各位應該聽過「恥骨」這個名稱，你們知道恥骨在哪裡嗎？從肚臍往下10公分的地方用力壓，會壓到一塊硬硬的骨頭，這就是恥骨。對陸生脊椎動物來說，恥骨是連接左右骨盆的重要骨骼，但從字面意義來看，這彷彿是一塊在公共場合難以啟齒的骨骼。

恥骨像鳥類一樣往後的屬於鳥臀類，像蜥蜴一般往前或在正下方的是蜥臀類，前者的代表是三角龍，後者的代表是暴龍。或許有人會想說「小小的骨頭有這麼大的差別嗎」，但是所有恐龍的恥骨不是鳥臀類型，就是蜥臀類型，因此目前認為恐龍的共**同祖先可以先分為鳥臀類或蜥臀類，然後再從這兩類演化出來。**

但是……我想各位也注意到了，鳥類是從蜥臀類的獸足類演化出來的，蜥臀類的恥骨明明就是蜥蜴型，鳥類的恥骨卻與鳥臀類非常類似。其實這是場美麗的誤會，鳥類的恥骨只是剛好在演化的過程中變得比較接近鳥臀類而已。

總而言之，我們無法採驗恐龍的DNA（參考171頁），**因此會以骨骼形狀來分類，恥骨也就變成在恐龍分類上扮演重要角色的骨骼了。**

龍言龍語

「恥骨」這個名稱是日本明治時代從德文「Schambein」直譯而來的。

劍龍與牠的近親（裝甲類群）

前面說到恐龍分為「鳥臀類」和「蜥臀類」，但是同一類未必會有相似的外表。生物的分類是基於祖先的親疏遠近，因此也會產生「非親非故卻鬧雙胞」或「近親不相似」的情況。我們就來澄清一下哪些恐龍與哪些恐龍比較相近吧。

鳥臀類又分成三大家族，我先從「裝甲類」開始介紹。裝甲類指的是「裝備盾牌的家族」，包含以劍龍為首的劍龍類群，和以甲龍為首的甲龍類群，牠們都是四足步行的植食性恐龍，頭比身體小，給人頗為笨重的形象。順帶一提，劍龍類群的步行速度是時速6到7公里，甲龍類群是時速3公里，牠們的體型雖然巨大，但是速度與人類相去不遠。

劍龍類群從背部到尾巴有一排劍狀的骨骼，包括板狀物（骨板）與尖刺狀物（尾刺）。劍龍背上有巨大的骨板，尾巴上又有長長的尾刺，以最大的劍龍類群聞名。除此之外，肩部具有長釘刺的釘狀龍（*Kentrosaurus*）也因為視覺上很有攻擊性而相當受到歡迎。

甲龍類群的全身都覆蓋著骨板，如金屬盔甲一般強化自己的防禦能力。甲龍是甲龍類群最大的恐龍之一，牠的尾巴末端形成了大塊的骨骼，可以用來捶打攻擊，擊退掠食者。

龍言龍語

甲龍類群存活到白堊紀末期為止，
不過劍龍類群在白堊紀前期就滅絕了。

三角龍與牠的近親（頭飾龍類）

鳥臀類的第二個家族是「頭飾龍類」，頭飾龍指的是「頭部周圍有裝飾」。頭飾龍類包含以三角龍為首的「角龍類群」與以厚頭龍為首的「厚頭龍類群」。牠們在北半球都很繁盛，也都是植食性恐龍，不過角龍類群是四足步行，厚頭龍類群是雙足步行，彼此的外型不太相似。不過比較原始的角龍類群小型恐龍也是雙足步行，因此一般認為角龍類群是在體型大型化之後才變成四足步行的，體重變重，膝蓋就會痛，於是手就伏在地上了。

角龍類指的是「有角的臉」的意思，但是不代表所有角龍類群都有長角，這一類是取大型化的三角龍身上最具特徵的長角來命名的，角龍類群整體的特徵包括大頭和鳳頭鸚鵡一般的喙嘴。除了鸚鵡嘴龍類之外，其他的角龍類群特徵也包括頭骨變形後形成了很發達的領飾「頭盾」。

厚頭龍類群的頭蓋骨則是厚實又堅硬，而且「厚頭龍」也不是虛有其名，牠們厚實的頭骨周圍還有刺一般的裝飾。順帶一提，厚頭龍類群乍看之下很巨大，但其中最大的厚頭龍全長實際上也就只有4．5公尺左右。甚至還有一種全長只有60公分左右的皖南龍（*Wannanosaurus*），因此牠們的頭厚歸厚，但是大概也就幼兒園小孩拳頭的大小而已。

龍言龍語

演化出頭盾與角的角龍類群目前只見於晚白堊紀以後。

禽龍與牠的近親（鳥腳類）

食物要仔細咀嚼後再吞嚥!!
我們是嚼嚼家族!!!
…話是這樣說啦～
嚼嚼
嚼嚼
實際上要嚼幾次才能吞呢？
啊～
10次左右？
嚼嚼
10次不對吧，那也太少了，至少要嚼到沒味道為止…
咦？那就20次左右？
不，還是太少了，不過其實回過神的時候就已經吃完了吧。
……。
嚼嚼
嚼嚼
嚼嚼
嚼嚼
嚼嚼
嚼嚼嚼嚼嚼嚼好吵的傢伙啊。
你們就嚼到死吧!!!

鳥臀類的第三個家族是以禽龍為首的「鳥腳類」，牠們基本上是雙足步行，有些恐龍則是前肢伏地，以四足步行。順帶一提，又是鳥臀又是鳥腳的，名稱充滿了鳥，但牠們並不是鳥類的祖先。

鳥腳類與同為鳥臀類的頭飾龍類是姊妹家族，不過與裝甲類的譜系距離比較遠。鳥腳類的喙嘴比較堅硬，很適合咬碎植物，而且牠們口腔內側長了很多細小的牙齒，代表牠們會咀嚼、咬碎植物後再吞嚥。這些特徵也可見於頭飾龍類，不過鳥腳類又更適合咀嚼，有些鳥腳類甚至有將近2000顆牙齒，這種好幾列的預備牙齒名為「齒系」（dental battery）。

鳥腳類因為能很有效率地進食植物而興盛，體型基本上都差不多，不過鳥腳類的大小各異，從全長只有60公分左右的強頜龍（*Pegomastax*），到全長15公尺的山東龍（*Shantungosaurus*）都有。

此外，鴨嘴龍類的喙嘴都很寬，如鴨子嘴一般，因此才叫「鴨嘴龍」，卵生的哺乳類鴨嘴獸也是因為具有同樣的特徵而得名。除此之外，賴氏龍類的頭骨變形，形成各種形狀的頭冠，但是牠們的外型都很相似，也許是透過頭冠來分辨種類的吧。

龍言龍語

dental battery的battery是一系或一列的意思喔。

腕龍與牠的近親（蜥腳形類）

好的，接下來要進入蜥臀類的介紹了。蜥臀類分成「蜥腳形類」與「獸足類」兩種，最大的恐龍就屬於現在要介紹的蜥腳形類。蜥腳形類基本上是植食性，特徵是頭小，頸部與尾巴很長。蜥腳形類還可以分成保留較原始特徵的「原蜥腳類群」（*Prosauropoda*）與演化更多的「蜥腳類群」（*Sauropoda*），不過只要先記住蜥腳類群就好了。蜥腳類群是「頸部與尾巴都非常長的恐龍」，因此把體型很長的都認作是蜥腳大概也不成問題。蛇頸龍的頸部雖然很長，但是牠們的腳都變成蹼，已經不算是恐龍了，這種例外就需要注意一下。補充說明，我會在第5章介紹不是恐龍的夥伴們，歡迎參考。

這個身體長到嚇死人不償命的蜥腳類群包括了腕龍、迷惑龍（*Apatosaurus*）、梁龍（*Diplodocus*）等有名的恐龍。牠們從頭頂到尾巴超過20公尺，不太需要走動，只要動動長脖子就能吃到大範圍內的植物。順帶一提，蜥腳類群大型化到這個程度，可能是為了防禦來自肉食恐龍的威脅。動物基本上是體型越大越強悍，牠們在與大型化的肉食恐龍進行軍備競賽之後，就變得這麼巨大了。

我也稍微提一下原蜥腳類群，原蜥腳類群並不是蜥腳類群的祖先，而是原始版本的蜥腳形類。牠們的小型恐龍比蜥腳類群更多，也有雜食與雙足步行的恐龍，31頁介紹的始盜龍就是代表例子。

龍言龍語

蜥腳類群是史上最大的陸生動物，
據說阿根廷龍全長35公尺，體重重達73噸。

暴龍與牠的近親（獸足類）

爹地的對手（?）是三角仔…
角角角
還有巨大的高個子，
很高
與一直在吃植物的嚼嚼仔…
世界上雖然有各種生物…
不過最強的還是爹地吧…
唔喔喔喔
爹地啊，果然是爹地最帥了。
帥!!

蜥臀類的另一個家族是以暴龍為首的「獸足類」，在蜥臀類與鳥臀類底下的五大家族中，只有獸足類恐龍演化成以肉食為主。現生的植食性爬蟲類只有陸龜和美洲鬣蜥類，但是獸足類以外的恐龍幾乎都是植食性，因此只要看到張開血盆大口咬住獵物的恐龍，肯定是獸足類的。只是有些獸足類在演化的過程中食性也產生了變化，變成植食性或雜食性，因此並非所有獸足類都像暴龍一樣是「肉食主義」。有「鴕鳥型恐龍」之稱的似鳥龍類就是一個例子，牠們沒有牙齒，以葉子為食，小型的竊蛋龍類情況也差不多。

獸足類幾乎都是雙足步行，行動應該很敏捷，而且有羽毛的恐龍幾乎都是獸足類。沒錯，這個意思就是，鳥類也屬於獸足類。這也意謂著獸足類的暴龍比迷惑龍、三角龍和劍龍更接近鴕鳥、鵜鶘和麻雀。

要是我講的「恐龍」涵蓋了鳥類，我的文章就要寫成「恐龍的膚色是未知數（鳥類除外）」，會變得非常繁瑣，因此本書解釋的「恐龍」基本上都不涵蓋鳥類，請各位見諒。順帶一提，不涵蓋鳥類的恐龍叫作「非鳥型恐龍」，這不是親緣譜系上的分類，只是一種方便的稱呼而已。

龍言龍語

獸足類是恐龍五大家族中最多元的，還有棘龍（Spinosaurus）、異特龍（Allosaurus）、迅猛龍（Velociraptor）等各種明星恐龍。

三疊紀、侏羅紀、白堊紀的由來

地質年代的名稱是根據最具有該時代特色的地層來命名的，應該很多人都還記憶猶新，新生代第四紀的其中一期在2020年1月以千葉縣的地層命名為「千葉期」(Chibanian)。

中生代共分成三紀，最古老的是2億5200萬年至2億100萬年前的三疊紀。三疊紀是從德國發現的地層，由於地層重疊了好幾層紅、白、咖啡三色的沉積物，因此取了這個名稱。三疊紀的英文是「Triassic」。

第二古老的是2億100萬年至1億4500萬年前的侏羅紀，「侏羅」地層來自德國與瑞士邊境的侏羅山。侏羅紀的英文是「Jurassic」，電影《侏羅紀公園》也是這個侏羅紀，因此大家都很熟悉這個地層，但其實這部電影出現的恐龍幾乎都是白堊紀的。電影之所以刻意取名叫「侏羅紀公園」，也許是因為侏羅這個詞聽起來比較有恐龍感吧。

而最新的地層是1億4500萬年至6600萬年前的白堊紀，白堊指的是形成多佛海峽岩壁的白色地層。這個地層的主要成分是碳酸鈣，是白土粉（石灰）沉積的結果。白堊紀的英文是「Cretaceous」，這個可能就不太常聽到了。

第2章

看過來！超級巨星們在這裡

暴龍的武器竟然是靈敏的嗅覺

最受歡迎的恐龍肯定就是暴龍了，在昆蟲、哺乳類或魚類等其他生物群中，都不存在那種屹立不搖的天王級巨星，但是暴龍在恐龍界的人氣和知名度一直穩坐冠軍寶座，大概是因為暴龍完全符合世人對於恐龍要「又大又強」的期待吧。

講到暴龍的主要武器，我們都會想到牠的血盆大口，這個部分我會留到第3章再說，這一篇要談的是感覺系統。其實一般認為暴龍在恐龍界中出類拔萃的能力，是嗅覺。用來感知氣味的嗅球（olfactory bulbs）在暴龍腦部的占比非常大，比起視覺或聽覺，暴龍的嗅覺可能更厲害。

為什麼牠們的嗅覺會這麼發達呢？暴龍的身體非常笨重，時速最高可能只能跑到30公里，因此有一說認為牠們會靠敏銳的嗅覺找出屍體，屍體就是牠們的主食。既然如此，暴龍就不必追捕獵物，腳程再慢也不是問題了。

不過還是有一些在生前就被暴龍攻擊的恐龍化石出土，因此「以屍體為主食」的說法是少數。暴龍的嗅覺之所以敏銳，或許是因為嗅覺可以感知的範圍比視覺大更多，更利於牠們尋覓獵物。暴龍本來就是當紅的明星，看不慣的人自然很多，也難怪每過一段時間就會湧出一些「其實牠們是遜咖」的說法。

龍言龍語

以屍體為主食的動物叫作「腐食性動物」，
現生的康多兀鷲和埋葬蟲都是很有名的腐食性動物。

三角龍的三角不是裝飾品

如果有人替恐龍製作人氣排行榜，植食性恐龍的第一名想必是三角龍，因為牠們雖然是植食性，外表卻很有攻擊性。相較於徒有龐然身軀的阿根廷龍（*Argentinosaurus*）、笨重笨重的甲龍、沒有任何武器的禽龍，三角龍的3支長角看起來就很強，成功擄獲了恐龍迷的心。

三角龍的最大特徵是3支長角與頸盾，有一說認為這只是用來誇耀自己力量的展示，不過牠們的頸盾從幼兒時期就很發達了，應該不會只是用來虛張聲勢的。牠們的3支角非常堅硬，而且出土的有些長角化石周圍又傷痕累累的，所以三角龍實際上應該會把長角當武器使用。如果兩頭三角龍面對面以角相撞，雙方的角會卡在一起，因此母恐龍與公恐龍可能都會在群體中以角力互推的方式一較高下，宛如相撲力士抓住彼此腰帶互推的情景。

長角和頸盾可能也用來防禦肉食恐龍，不過這對同時代最強的暴龍來說效果有限，所以牠們好像常常被暴龍獵食，而且有一說認為暴龍在吃三角龍的時候，為了方便進食，會咬住頸盾再扯下頭部。扯下頭部後，會露出頸部用來支撐巨大頭部的結實肌肉，吃這個部位的肉也更方便……頸盾應該可以當作頭部的防禦，不過暴龍的攻擊力大概更勝一籌吧。

龍言龍語

在植食性恐龍中，有不少人是劍龍迷，
不過近年牠們背部骨板的防禦功能受到質疑，
而且攻擊力感覺也很低。

腕龍的腦只有網球大

然後那個時候他啊———
咦—
不會吧—
啊，可是啊…
啊———……
愣——…
咦…？我想說什麼啊？
喂，怎麼了？振作點啊。
抱歉抱歉。
我偶爾會發起愣來。
真是的…
愣——…
咦…？我…剛剛是在講什麼？

蜥腳類群以前通常會被描繪成抬頭挺胸、尾巴著地的模樣，如今牠們的基本姿勢都變成頭尾保持在同樣的水平線上了。不過有一種恐龍沒有隨波逐流，在畫中依然是抬頭挺胸的模樣，就是這一篇要談的腕龍。蜥腳類群的頸部本來就很長了，腕龍在其中依然顯得特別高大，這個原因出在牠們長長的前肢，腕龍的前肢比後肢長非常多，腰部到肩部呈現向上的弧度，頭部位於背骨的延長線上，即便是自然的狀態下，腕龍頭部的位置依然高人一等。

這就讓人好奇，腕龍的血液循環到得了頭部嗎？從腕龍的平常姿勢來看，從心臟到頭部就長達5公尺，如果再垂直把頭高高抬起，還會產生8公尺的高低差，需要很大的心臟才能將血液輸送到腦部。舉例來說，800公斤重的長頸鹿，心臟是11公斤，血壓高達260／200mmHg。

體重35噸的腕龍有這麼大顆的心臟嗎？好像也沒有。腦是能源效率其差無比的器官，腦越大就會消耗越多熱量與氧氣，而巨無霸腕龍的腦竟然只有網球的大小，代表腕龍身體雖大，腦卻小，或許腦不需要那麼多氧氣。要是牠們的腦子開始打結，搞不好只要低頭一下就沒事了。

龍言龍語

腕龍的學名Brachiosaurus（手臂蜥蜴）
是取自牠們別具特色的長前肢。

梁龍的巨型化要歸功於吊橋結構

蜥腳類群的梁龍是有全身骨骼出土的最大級恐龍，梁龍全長27公尺，而且尾巴真的很長，占了全長的一半。過去我們認為梁龍是拖著長長的尾巴在行走，不過現在復原圖中的基本姿勢是頸部與尾巴在同一條水平線上，要讓牠們做出帥氣的動作就變得很困難了。

舉起這麼長的脖子和尾巴需要很多肌肉，肌肉多身體就會更龐大，消耗更多能量。蜥腳類群本來就夠巨大了，牠們整天都在進食補充熱量，要是能源效率再變更差就會危及性命。

各位的脊椎上方是頭骨，不需要什麼肌肉就支撐得起很重的頭部，可是如果我們的生活要在地上爬，脖子一下就會痠了。雖然蜥腳類群的頭很小，輕量化的脊椎骨內部也是中空狀態，一直驅使肌肉抬著長長的脖子和尾巴還是會無比疲勞。

因此牠們用強而有力的韌帶，形成吊橋結構。巨大的蜥腳類群透過連結骨盆的粗厚韌帶拉住長脖子與尾巴，保持自己的平衡，原理與彩虹橋這類的吊橋相同。順帶一提，這個結構是恐龍共通的結構，據說恐龍化石之所以呈現向後彎的姿勢（死亡姿勢），就是強而有力的韌帶在恐龍死後收縮的緣故。

龍言龍語

梁龍會把尾巴當鞭子揮動，藉此擊退敵人，
據說尾巴前端的速度可以超越音速，產生音爆呢。

阿根廷龍的大小與超人力霸王差不多

接著這一篇，我們來談談阿根廷龍。我說恐龍是因為體型龐大而受到喜愛，應該沒有言過其實，因此我覺得最大級的恐龍阿根廷龍應該值得更多人喜歡才對。**阿根廷龍全長35公尺，體重73噸**，同為蜥腳類群的超龍（*Supersaurus*，全長33公尺，45噸）或馬門溪龍（*Mamenchisaurus*，全長35公尺，50噸）也屬於最大級的恐龍，不過阿根廷龍的噸位更重。

其實阿根廷龍的化石只有背骨與後肢的脛骨等部分的部位出土，說阿根廷龍是「南美阿根廷出土的晚白堊紀巨大蜥腳類群」雖然不會有錯，但是牠的全長只是推測值，推測值落在一個區間，可能是30到40公尺。或許有人會疑惑「只有那麼一點點骨骼就能知道全長嗎？」，其實應該反過來說，全身骨骼的恐龍化石出土反而是罕例，通常我們是將骨骼與近親恐龍進行比較，推測全長。

阿根廷龍的全長最大估計是40公尺，與超人力霸王一樣高，超人力霸王躺下來，會與頭和尾巴都伸直的阿根廷龍差不多長。不過超人力霸王的體重是3萬5000噸，比阿根廷龍重了將近500倍。如果你覺得阿根廷龍是靠脖子和尾巴在騙全長的，那真的是太冤枉牠們了，畢竟超人力霸王應該是為了要在體內儲存熱量發射光束才會那麼重的吧。

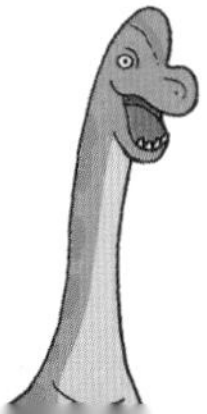

龍言龍語

順帶一提，我們認為最大的動物是藍鯨，體重將近200噸，最大的生物是巨杉，重量超過2000噸！

兩隻腳的巨人——山東龍

啪啦
啪啦
大口吃
大口吃
啊——!!
慘了——!!
我們睡覺的樹!!!
住手!!!
哇——
不要破壞我們睡覺的地方!!!
咦?
哇——
住手!!
啊…
啪啦
抱歉…
咚——!!!
啊——!!!
啊…
抱歉~…
轟隆
轟隆
……。

三角龍、劍龍或腕龍這些植食性恐龍大多體型巨大，以四足步行，不過恐龍的共同祖先是「雙足步行的輕盈動物」，因此四足步行的恐龍是在演化的過程中走回爬蟲類的基本形態了。

前肢明明可以自由使用了，為什麼牠們要放棄這個優勢，回到四足步行呢？因為身體變重之後，雙足步行會變得很艱難。植食性的恐龍不會追捕獵物，噸位重一點也不容易被肉食恐龍攻擊，因此即便變回四足步行，大型化依然是利大於弊。

雖然植食性恐龍傾向四足步行化，但是幾乎所有鳥腳類的植食性恐龍都還是以雙足步行。最大的鳥腳類恐龍是山東龍，全長超過15公尺，體重竟然有16噸，一隻山東龍相當於三頭非洲象，這應該是史上最大的雙足步行動物。山東龍這種全長超過10公尺的大型鳥腳類雖然可以雙足步行，但是平常行走時前肢會著地，牠們透過雙足與四足的並用支撐自己的體重。

題外話，現在還存活、最大的雙足步行動物是高2公尺、體重超過100公斤的鴕鳥。除此之外，有一些人類的體重高達上百公斤，不過以人類的骨骼來說，超過300公斤就會很難用雙足步行了，要小心管理自己的體重呢。

龍言龍語

山東龍是在中國山東省發現的，因此取名山東龍，
除了體型巨大之外，其他特徵都符合典型的鴨嘴龍類喔。

甲龍的尾巴連骨頭都能擊碎

甲龍是白堊紀末期生活在北美的最大級甲龍類群，全長有9公尺，不過體重頂多6到7噸，與非洲象的公象平均值差不多。甲龍的重心非常低，無法以後肢站立，因此吃不到高大樹木的葉子，只能慢步徘徊，吃一些長在地上的矮小植物。

甲龍的身上（嚴格來說只有背部）包覆著長在皮膚裡的骨頭「皮內成骨」（osteoderm），能夠刺穿牠們裝甲的肉食恐龍應該不多。不過牠們的棲息地也是最大肉食恐龍暴龍的生活區域，因此甲龍應該也不能算是所向無敵。於是牠們演化出一個對付超強掠食者的工具，就是尾巴末端的大型骨塊，遇到敵人時牠們不需要落荒而逃，只要揮舞尾巴，就足以粉碎肉食恐龍的腳。

甲龍尾巴末端的骨頭癒合起來，變成這個像石頭般的一團骨錘，揮舞骨錘應該會需要柔軟的尾巴。沒想到甲龍尾巴超過一半都是沒有彈性的棒狀，能夠左右大幅扭動的幾乎只有尾巴的根部，因此在與敵人對峙的時候，牠們或許是先把尾巴收到身側蓄力，再一口氣用反彈出去的力量進行反擊。

龍言龍語

甲龍很扁平，重心又低，應該不太會跌個四腳朝天，
因此牠們的肚子像有甲目動物一樣柔軟。

健步如飛的似鳥龍

喂，
這邊的狩獵場好像不錯喔。
咚咚咚咚咚咚咚咚
真的嗎？
真的？
動作快。
咦？
快啊。
快點過去。
天哪!!
慘了慘了!!
這裡有肉食仔!!!
咚咚咚咚咚咚咚
慘了
快閃
慘了
快走吧
咦？
肉食仔在哪？

人類界速度最快的男人跑100公尺耗時9秒58，換算成時速大概是37.6公里，瞬間時速最快可以達到44.46公里，而恐龍界的第一飛毛腿是誰呢？就是似鳥龍（*Ornithomimus*）。

*Ornithomimus*是「鳥的模仿者」的意思，因為最初出土的似鳥龍足骨與鳥類非常相似。後來似鳥龍的全身骨骼也出土了，我們才發現似鳥龍其實與鴕鳥這種相當奇異的鳥類如出一轍。

似鳥龍與鴕鳥的類似點在於脖子長、頭小、腳又細又長，這些應該都是為了適應在視野遼闊的環境中跑來跑去的生活。除了長長的尾巴之外，似鳥龍的體型與鴕鳥幾乎一模一樣。獸足類有很多肉食恐龍，而似鳥龍雖然是獸足類，但是牠們口中沒有牙齒，嘴喙是光滑的鳥喙狀。牠們的前肢又比鴕鳥的更長，趾爪也很大，應該是用趾爪拉近植物後，用喙嘴扯下來進食。

至於似鳥龍的跑步速度，推測大概是時速60公里，而且牠們可以跑長距離還維持一定的跑步速度。這樣其實已經夠快了，可惜牠們還是略遜鴕鳥一籌，而且現生哺乳類中還有短跑冠軍獵豹，以及長跑冠軍叉角羚，可見新生代的速度競爭可能比中生代更白熱化。

龍言龍語

似鳥龍類恐龍中還有被命名為「似鴕龍（*Struthiomimus*，鴕鳥的模仿者）」的呢。

美頜龍的狩獵宛如瞬間移動

恐龍越小型就越難留下骨頭，也越難找到化石，而美頜龍全長只有1公尺，卻還是有全身骨骼出土。而且出土時間是1850年代，年代比較久遠，有很長一段時間美頜龍都以「最小的恐龍」聞名。

如今已經發現更小的恐龍，就是近鳥龍、小盜龍（*Microraptor*）等馳龍類恐龍，牠們的外觀幾乎和鳥類一樣。看到這裡請先不要嫌棄美頜龍，美頜龍的特徵不只是小而已，牠們是地面上跑步速度最快的獵人，和像鳥一樣在樹上飛來飛去的恐龍不同。

我前一篇才提到，恐龍界的第一飛毛腿是「時速60公里的似鳥龍」，而有一說認為美頜龍的最高時速高達64公里。家雞大小的美頜龍跑得比鴕鳥大小的似鳥龍快，兩者之間又有步伐大小的差異，代表美頜龍腳的轉速要更快。以大家熟悉的公路自由車賽來比喻，牠們採取的是高踩踏頻率的騎法。

美頜龍狩獵的是小動物，因此瞬間爆發力應該很強大，也不需要如似鳥龍一般的長跑能力。如果身體輕盈、後肢又長的美頜龍能跑到時速64公里，看起來搞不好像是在瞬間移動呢。

龍言龍語

現在許多哺乳類也一樣，肉食的以瞬間爆發力取勝，
而植食性的以持久力取勝。

鐮刀龍其實不是武鬥派

哇，這一帶的葉子真好吃。
對啊。
沙沙沙沙…
嗯？
唰唰
哇——!!
……。
那個…不好意思。
這些葉子…我可以一起吃嗎？
好…好啊…
剛剛的出場方式是哪招…

恐龍的武器包括銳利的牙齒、角和尾巴等，這一篇要來談談牠們的趾爪。銳利的趾爪是利於撕扯肉、逮著獵物不讓牠們逃走的武器，鐮刀龍把趾爪留到不能更長的程度，前肢的趾爪竟然有90公分，這不只是恐龍界第一，更是所有動物之王。因此在剛發現這件事的時候，部分人員的討論特別熱烈，認為鐮刀龍可能像是X戰警第一武鬥派金鋼狼，可以用長長的趾爪撕裂一切，認為牠們是放蕩不羈的掠食者……不過經過仔細調查之後，發現這種長爪不是用來當武器的。

這也難怪，畢竟趾爪不是利刃，無法像刀子一揮就切斷東西，正確的使用方式應該是把趾爪尖端刺進對方皮膚後撕開，這個動作需要比較強韌的彎爪，但是我們知道鐮刀龍的彎爪很脆弱，而且似乎沒有長什麼專門控制趾爪的肌肉。

後來又逐漸發現鐮刀龍是植食性，因此這些趾爪更有可能是用來拉近樹枝進食的，使用方法如同現生的樹懶。除此之外，消化植物需要時間，於是鐮刀龍有很長的腸子，腹部就顯得鼓鼓的，因此鐮刀龍和金鋼狼沒有半點相似之處，牠們的真面目反而是隻有啤酒肚的樹懶。

龍言龍語

趾爪通常都不會留下化石，因此出土的是指骨的化石，
牠們尖尖的手指前端有爪鞘。

厚頭龍的用腦方式

你們聽好了，想要長大的話——
用腦是很重要的!!
記牢了喔。
用腦喔…
看招!!
鏘!
哇咧——
一定是這種用法…
終於要教這招了耶…
比方說不要一直吃同一種葉子，
要吃這種好消化的葉子，還有用嘴的方式…
咦…?不是這種用腦嗎…?
看招招招招!!
撞擊撞擊
撞擊撞擊
難道是我們不會用頭錘嗎…

厚頭龍的學名*Pachycephalosaurus*雖然很長，知名度卻很高，牠們屬於厚頭龍類群，是厚頭恐龍的代表，學名是「厚頭蜥蜴」的意思。牠們的頭顱很堅固，容易留下化石，因此出土的淨是頭骨。

厚頭龍的顱頂隆起成圓頂狀，不過腦部並不在這裡，腦部卑微地收在眼睛後方的一小區塊，而圓頂則是填滿了密實的骨質。這個骨質最厚可達25公分，在變成化石前就已經像是一團石塊了。

為什麼牠們會演化出這麼厚重的頭顱呢？原因其實並不明朗，過去認為牠們可能會透過撞彼此的頭一較高下，決定群體內部的階序，類似美國岩山的大角羊（*Ovis canadensis*）以角互撞的情況。不過後來發現厚頭龍的頸骨很細，用全身重量撞頭的話，有可能會脫臼，最慘的情況還可能會骨折喪命。再加上最近有人提出在厚頭龍隆起的頭骨上方，可能有類似南方鶴鴕（*Casuarius casuarius*）的角質冠，因此厚頭龍的頭顱功用是什麼，還需要許多討論。

順帶一提，牠們幼兒時期的頭顱不是圓頂狀，無論公母厚頭龍的頭骨都是在成長過程中越來越厚的。

龍言龍語

厚頭龍出土的化石中有頭骨帶傷痕的，
因此頭顱或許具備安全帽的功能，可以防禦掠食者攻擊頭部。

始祖鳥到底會不會飛？

恐龍演化出羽毛一開始應該是為了維持體溫，不過羽毛的功能不只這樣，看天上的烏鴉和鴿子，就知道羽毛對於在天空翱翔的重要性。如果沒有羽毛，鳥類根本不會嘗試飛上天際吧，羽毛就是這麼適合用來飛行。也就是說，演化出羽毛本來是為了維持體溫，不過一部分的恐龍用這些羽毛飛上天際，而以最早期的鳥類聞名的是*Archaeopteryx*，通稱「始祖鳥」。

始祖鳥的化石是在1861年出土的*，也是查爾斯．達爾文發表《物種起源》後2年。始祖鳥具有鳥類一般的「羽毛翅膀」，又有鳥類沒有的「尾骨」、「前肢指爪」與「牙齒」，因此始祖鳥被視為「鳥類的始祖」，作為恐龍演化成鳥類的證明。但是後來始祖鳥和鳥類的關係幾經波折，到了現在，我們定義的鳥類是「始祖鳥與家麻雀的共同祖先，以及共同祖先的所有後代」。始祖鳥已經不是鳥類的始祖（共同祖先）了，不過牠的名字還是留在了鳥類的定義之中。

順帶一提，目前不知道始祖鳥會不會飛。就骨骼的角度來看，始祖鳥沒有「龍骨突」，揮動翅膀的肌肉會附著在龍骨突上，這代表始祖鳥的肌肉量是不夠的。而且雖然牠們有鳥類的飛羽，飛羽的羽軸卻太細，沒有辦法用力振翅。不過始祖鳥的半規管很發達，半規管可以在空中保持平衡，代表牠們的飛翔能力可能還在發展中。

＊始祖鳥一開始的標本是一片「羽毛」，於1860年發現。而第一副始祖鳥的骨骼則是到1861年才被發現。

龍言龍語

始祖鳥的子孫並不是現在的鳥類，始祖鳥是原始的鳥類，屬於鳥類（正確來說是鳥翼類這個分類）共同祖先最初期的演化支。

有飛膜或許能上青天的奇翼龍

奇翼龍（*Yí*）屬於獸足類的手盜龍類，這個學名很像是修卡戰鬥員*的喊叫聲，不過這是從中文來的，完整學名「*Yi qi*」意即「奇妙的翅膀」。順帶一提，這是世界上最短的學名（4個字母）。

奇翼龍不只名字奇異，一如其名，牠們的翅膀也很奇妙。奇翼龍前肢的三指與腕骨變形而成的「第四指」都很長，手指之間形成了具有伸縮性的皮膜，皮膜延伸到側腹部，可以當作翅膀使用。

手盜龍類涵蓋了現生的鳥類，所有手盜龍類應該都有羽毛，奇翼龍也確定有羽毛，不過不知道為什麼牠們演化出的不是羽毛翅膀，而是非常奇特的飛膜翅膀。

話說回來，地球歷史上有意往天上發展的脊椎動物，幾乎都會發展出飛膜。比方說鼯猴、白頰鼯鼠、飛蜥都會張開發達的飛膜滑翔，翼龍類的無齒翼龍（*Pteranodon*）與蝙蝠則會透過指間的飛膜飛翔。

奇翼龍的化石是在比始祖鳥早1000萬年的晚侏羅紀地層被發現的，那個時代正好在比誰能第一個飛起來，而奇翼龍可能也是候補之一吧。透過飛膜嘗試飛翔的奇翼龍雖然沒有留下後代，但是卻提供了一個證據給我們，證明恐龍到鳥類的過渡期間進行了一場演化的實驗。

＊日本特攝片《假面騎士》中虛構的邪惡組織。

龍言龍語

奇翼龍雖然具備大型的飛膜，龍骨突卻不發達，
龍骨突上附著的是揮動翅膀的肌肉，
因此牠們的飛行能力或許是介於滑翔與飛翔之間。

迅猛龍的可動式趾爪

耶～我抓到今天的午餐了～
太好了。
我…咦？
用力
糟糕，爪子拔不出來了。
你太蠢了吧，
這種時候要俐落一點。
用力
用力
我示範給你看，是這樣喔。
這樣？
這樣！
…咦?!我的也拔不出來了!!!
嘎
嘎
嘎
……。

迅猛龍生活在晚白堊紀的亞洲，牠們在小型肉食恐龍中享有最高的知名度，因為《侏羅紀公園》中戲分吃重的主角級「盜龍」就是以牠們為原型。電影中的迅猛龍比人類更高大，不但暴力又敏捷，還有高度的智慧，是非常難搞的角色。

但是迅猛龍全長只有1.8公尺，除去長尾巴的話，實際上大概只有柴犬的大小。一如牠們的學名「*Velociraptor*」（敏捷的掠奪者），牠們是靈敏的小型獵人。補充一點，迅猛龍類（馳龍科）是鳥類的近親，體表大部分的面積可能都披著羽毛，其中也包括樹棲動物小盜龍，小盜龍的外觀幾乎與鳥類如出一轍。迅猛龍的真面目與電影的角色好像差很多，不過除了大小和羽毛之外，電影裡的迅猛龍其實滿像迅猛龍的。

迅猛龍最有名的武器就是後肢食指的可動式趾爪，這種巨爪名為「鐮爪」，行走的時候要抬得高高的以免擋路。在進攻的時候，牠們會騎到獵物的背上，用鐮爪牢牢壓制獵物，然後以銳利的牙齒刺穿對方的要害。現實中也有出土「搏鬥中的恐龍」化石（詳見117頁），迅猛龍攀在比自己大的原角龍身上，以鐮爪刺穿獵物的脖子與腹部。

龍言龍語

盜龍的英文Raptor也是匿蹤戰鬥機F-22的暱稱，
原始的拉丁文是「掠奪者」的意思，
轉化到英文中也有「猛禽類」的意思。

毛茸茸的肉食恐龍——羽暴龍

20世紀末以來，中國遼寧省等地大量出土了有羽毛恐龍的化石。不過目前已知的有羽毛恐龍，幾乎都是小型到中型的恐龍。羽毛的起源被認為是要維持體溫，因此一般的說法是大型恐龍本來就很容易體溫過高，不需要羽毛。

沒想到羽暴龍的存在推翻了這個說法。2012年遼寧省出土的羽暴龍全長高達9公尺，牠是暴龍類，略小於暴龍，不過體型很相似，應該也是亞洲最強等級的肉食恐龍。羽暴龍雖然是大型的超肉食恐龍，全身卻都有羽毛覆蓋的痕跡。

而且牠們連頭部都有羽毛覆蓋，纖維狀的羽毛長達15到20公分，根本就是全身毛茸茸的雛鳥狀態。經過這次的出土，有人提出羽暴龍近親的大型肉食恐龍如暴龍等也可能有羽毛，或許以後會出現「毛茸茸雛鳥模樣的暴龍」，這種復原畫簡直就是出自嫌惡暴龍的人之手。

至於羽暴龍全身的羽毛具有什麼功能呢？其實牠們棲息於早白堊紀的中國北部，氣溫平均只有攝氏10度左右，發達的羽毛應該是為了防寒。相對來說，晚白堊紀的北美氣溫比現在高10度左右，因此「暴龍的雛鳥說」已經漸漸被遺忘了。

龍言龍語

羽暴龍比暴龍早6000萬年左右出現，
是比暴龍更原始一點的肉食恐龍。

恐手龍的大手要抓什麼東西？

雙足步行的動物會用後肢支撐全身重量，因此前肢常常會變比較小，不會飛的鳥類與人類也是如此，最顯著的例子應該就是暴龍了。很多人都知道暴龍全長13公尺，前肢卻只有1公尺左右。

不過1965年發現了某種獸足類，牠的前肢竟然有2.4公尺長。當時出土的只有兩隻前肢與前肢附近的骨頭，假如這雙巨手的主人是暴龍，牠的全長會有30公尺吧。於是這隻恐龍被命名為「*Deinocheirus*」（恐怖的手）。

後來的40年間，恐手龍的全貌始終是一個謎團，沒想到在2006年和2009年，北海道大學小林快次老師等人的團隊挖掘到了恐手龍的全身化石。結果發現，牠們全長雖然有11公尺和一雙巨手，相對來說體型並不大，頭部和喙嘴也很小，牠的真面目與凶猛的肉食恐龍差得可遠了。除此之外，恐手龍的背上可能還有棘龍那樣的「棘帆」。

從化石的腹部位置還發現超過1000個胃石，代表牠的主食是植物。不過牠的腹部也出現了魚骨與鱗片，魚可能是牠的零食。恐手龍那雙「恐怖的手」或許是用來將水邊的植物一把拉過來吃，或者用來敏捷地捕撈水中的魚類。

龍言龍語

恐手龍的喙嘴是扁平的鳥喙狀，
一顆牙齒都沒有，近親的似鳥龍也沒有牙齒。

劍龍的骨板有什麼祕密？

怪獸之王哥吉拉的外型是隻肉食恐龍，不過那別具特色的「背鰭」可能是參考劍龍的「骨板」。骨板與角是偏向防禦的武器，身上有這種顯眼突起物的，幾乎都是需要防禦肉食恐龍的植食性恐龍。

劍龍的背上左右交錯排列了17片五角形的骨板，這些骨板生成的原理與甲龍的鎧甲、烏龜的龜殼相同，都是發達的皮內成骨。有一段時期我們都以為只要背上有這些骨板，就不太可能受到來自後方的偷襲，所以骨板一定是無敵的裝甲。不過近年在調查骨板內部結構時，發現它像海綿一樣有很多孔洞，所以其實還滿脆弱的。

難道骨板只是虛張聲勢的「紙裝甲」嗎？倒也不是。骨板的表面和內部有很多溝槽，這些溝槽可能是血管的痕跡，因此現在比較有力的說法是，骨板不是裝甲，而是用來調節體溫的。冷的時候就去曬曬太陽，熱的時候就在陰影處吹吹風，透過可再生能源調節自己的體溫。

骨板是劍龍類群的專利，大家也知道牠們的骨板有各式各樣的形狀。比方說，釘狀龍的骨板是細長的劍形，烏爾禾龍（*Wuerhosaurus*）的則像是骨板被拔除之後只留下根部的模樣。如果骨板只是用來調節體溫的話，刻意讓表面積變小就不太合理了，因此骨板應該還存在著其他的用途。

龍言龍語

劍龍的骨板寬與高最大可以達到1公尺，
有一說認為小幅震動骨板可以發出威嚇的聲音。

恐爪龍引領的恐龍文藝復興

我們對於恐龍的印象有很長一段時間都停留在「笨重的外溫動物」。一方面是因為現生的爬蟲類幾乎都是低代謝的外溫動物，活動力不高，也沒有持久力，另一方面是因為大眾熟悉的都是大型恐龍，會有這種印象在所難免。

不過1960年代的某次發現徹底扭轉了恐龍的形象。我們發現恐爪龍（*Deinonychus*）是一個「敏捷的獵人」，牠們屬於雙足步行的苗條肉食恐龍，體型與美洲豹差不多，後肢食指的趾爪（鐮爪）異常巨大，可能是追捕獵物的重要武器。如果恐爪龍是以鐮爪獵捕比自己大型的獵物，牠們或許會跳到獵物背上，用後肢的趾爪不斷穿刺對方。而且因為這一次有數組化石同時被挖掘出來，代表牠們也有可能是成群結隊在追蹤獵物。

發現者約翰．歐斯壯（John Ostrom）認為這種有持久力的獵人照理說不會是「抑制代謝、靜止不動的外溫動物」，他認為恐爪龍肯定是「活動力強的內溫動物」。而且恐爪龍的前肢骨頭與鳥類的共通點非常多，因此過去一直被否定的「鳥類是恐龍子孫」的說法再次起死回生。後來我們都知道了，至少有部分的恐龍是內溫動物，而且鳥類是恐龍的倖存者。

讓恐龍業界翻天覆地的這一波巨大浪潮，名為「恐龍文藝復興」，從此以後，業內業外都對恐龍非常感興趣，也不斷有一些新的發現。

龍言龍語

恐龍文藝復興的成果到1990年代才開始普及，
當時與現在不同，當時一般人不會那麼快得知最新的研究成果。

恐龍人的原型是傷齒龍

遙遠的未來，
具有高度智力的生物統治了地球——
他們能操控各種神奇的力量，
他們甚至發明了能夠飛到天上的巨大物體。
成就各種豐功偉業的他們，被叫作聰明人——
我聽你在唬爛。
怎麼可能有這種事啦？
認清現實好嗎？

如果恐龍在白堊紀末期沒有滅絕而是繼續演化的話，牠們會變成什麼生物？加拿大有一位研究者進行了如科幻小說一般的思考實驗，1982年，戴爾・羅素（Dale Russell）構思出「恐龍人」這種雙足步行的直立生物，模樣如同外星人一般，而恐龍人的原型就是傷齒龍（*Troodon*）。

之所以用傷齒龍當恐龍人的原型，是因為有一說認為傷齒龍是最聰明的恐龍。我們無法對滅絕的恐龍進行智力檢測，那麼是怎麼知道牠們很「聰明」的呢？根據是體重與腦容量的比例（腦化指數），傷齒龍的腦化指數遠遠高於其他的恐龍。假設鱷魚的腦化指數是1.0，其他獸足類就是1.0到2.0，而傷齒龍的腦化指數高達5.8。題外話，劍龍的腦部是出了名的「章魚燒大小」，腦化指數0.6，傷齒龍是劍龍的將近10倍。

還有研究者發揮想像力，認為傷齒龍可能會用釣魚的方式捕捉獵物。綠簑鷺這類的水鳥就以「釣魚」出名，牠們會把自己抓到的蟲子丟到水面「釣魚」，等魚靠近了再抓起來。這就代表，即便傷齒龍會釣魚也不奇怪。如果聰明的傷齒龍沒有在白堊紀末期滅絕，經過數千萬年的演化……最後變成悠哉放長線釣大魚的恐龍人，好像也不令人意外呢。

龍言龍語

傷齒龍是生活在北美的小型獸足類，口中排列了許多小牙齒，除了肉之外也吃種子、昆蟲和魚，是雜食動物。

氧氣濃度的變化

其實地球上原本幾乎是沒有氧氣的，在大約30億年前，藍綠菌（舊名：藍綠藻）出現之後，才開始進行光合作用排出副產物的氧氣。經過數億年，無法全數溶於水中的氧氣進入大氣中，產生了臭氧層，使得陸地也成為能讓生物生活的環境了。

到了約4億年前的泥盆紀，植物進軍陸地，大氣中的氧氣濃度也漸漸提升。泥盆紀與接下來的石炭紀幾乎沒有任何生物能夠分解樹木，含碳的枯樹不會腐爛，而是直接入土變成石炭。於是碳一直在地底下沉積，當時的氧氣濃度甚至達到了35%。

接著是二疊紀，分解樹木的蕈菇等菌類開始增加，枯樹被分解後，長久累積的碳與氧氣結合變成二氧化碳，大氣中的氧氣濃度開始急速下降。

後來從三疊紀到侏羅紀，進入了氧氣濃度掉到13%的缺氧時代。不過到了晚侏羅紀，氧氣濃度又恢復到20%左右，到目前為止雖然多少有波動，不過氧氣濃度大概都是在同樣的水準。

恐龍是在三疊紀的缺氧環境中趁勝追擊，嶄露了頭角，從某個意義來說，是蕈菇讓恐龍繁榮起來的呢。

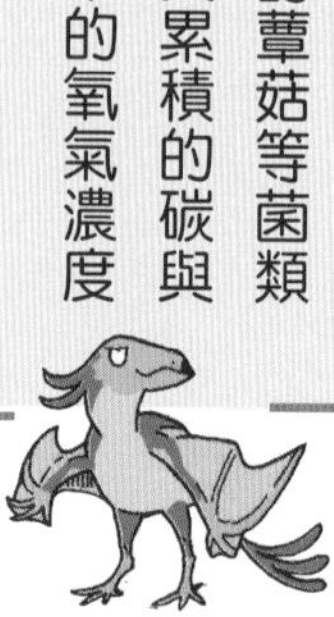

第3章

恐龍的平凡日常

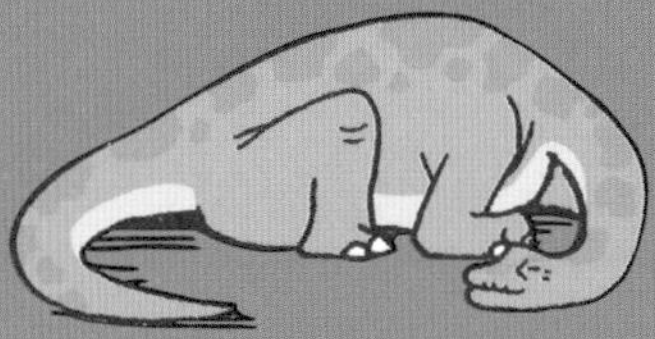

大吃大喝的餐食風景

大吃
大吃
啪啦
啪啦
啪啦
大吃
你看，很棒吧。
哇—
只要在巨無霸高個子底下，就會有很多葉子掉下來喔。
不用冒險就能坐享其成!!
噹噹——!!
這根本是聰明人的勝利!!
撞擊
哇喔—

恐龍在陸地上橫行無阻的中生代存在哪一些植物呢？如果希望恐龍的復原畫更有真實感，這會是很重要的問題。恐龍時代的背景中最常見的是蕨類植物，現代的蕨類植物幾乎都很矮小，不過以前很多蕨類都長得很高大，最古老的樹木「古蕨」（*Archaeopteris*）也在3億8000萬年前登場了。提醒一下，始祖鳥的學名是*Archaeopteryx*，與古蕨很像，不要搞混了。

蕨類植物需要在潮濕的地方受精，因此不耐乾燥是蕨類的弱點。3億2000萬年前出現了克服這項弱點的植物，裸子植物（蘇鐵或針葉樹等）。裸子植物能夠在體內受精後產生種子，成功在乾燥的土地上擴大了分布範圍。

2億5200萬年前中生代開始的時候，陸生植物幾乎全是蕨類植物和裸子植物，不過進入早白堊紀之後，被子植物就出現了。會開花結果的被子植物透過蟲媒、利用吃果實的鳥類，成功將種子散播到更大的範圍，到了白堊紀末期，已經有70%的陸生植物是被子植物。不過當時被子植物的花和果實都很小，外觀應該也很不起眼。

侏羅紀到白堊紀的氧氣濃度和現代差不多，二氧化碳濃度卻是現在的2到6倍，因此當時的氣溫高到根本不是近年的暖化可以比擬的。植物有了豐富的二氧化碳可以不斷進行光合作用就開始大型化，植物變大，植食性恐龍也才能大型化，巨大的恐龍吃巨大植物的情景想必是令人嘆為觀止吧。

龍言龍語

現在超過9成的陸生植物都是被子植物，
而節省能源效率的蕨類植物常見於林床，
耐寒的針葉樹常見於高緯度地區，它們現在依然在努力生存喔。

植物其實很「難吃」

你聽我說，我想到一件很有趣的事。
咦？什麼？
嚼嚼
嚼嚼
就是…不是有樹嗎？然後…
就咩咩咩咩…然後咩咩咩咩…
嚼嚼
嚼嚼
嚼嚼
咩咩咩咩!!…之類的？
抱歉，從中間開始你在講什麼我就聽不懂了…
什麼啦，就是…
咩咩咩咩…那個——
我就說我聽不懂了!!! 你吃完再講啦!!!
嚼嚼
嚼嚼
嚼嚼

在非洲大草原上可以看到牛羚或斑馬等無數的植食性動物，獅子與獵豹這些肉食動物的數量卻不是很多，這個時候我們總會以為「以植物為食比較輕鬆吧」，不過如果回到現生的爬蟲類來看，以植物為食的是極少數派，只有陸龜或美洲鬣蜥類。植物是又硬又難消化的食物，要有特殊的消化器官才能從植物中得到足夠的熱量，而果實算是例外，果實是讓動物食用後幫忙散播種子的器官。

牛科動物有瘤胃，馬科動物有發達的盲腸，這些器官可以透過細菌的發酵作用消化植物、攝取熱量。代表牠們是專吃一些沒有人要吃的食物，數量才會爆炸性地增加。

而植食性恐龍又是怎麼消化植物的？由於內臟不會留下化石，因此我們無從得知，那又為什麼能推測出牠們是植食性呢？最常使用的判別法就是齒型。以植物為食不會用到銳利的牙齒，恐龍界流行用堅硬的喙嘴咬斷植物，再用內側的細牙磨碎植物。鳥臀類有很多這種類型的恐龍，鴨嘴龍類尤其致力於磨碎植物的功能，牠們的口腔內側密集排列著細牙，還有好幾列的預備齒，口中隨時都有將近2000顆牙齒。補充一個冷知識，爬蟲類也會經歷好幾次換牙。

龍言龍語

有時候我們會在化石的胃部附近發現植物被磨碎的化石，
這種時候就可以肯定這隻恐龍是以植物為食。

恐龍狩獵時會用毒嗎?

看招!!!我的必殺毒牙!!!
咬
哇咧!!?
哼哼哼
被我咬到就沒救了…
你已經死了…
你…你說什麼~
老實說,我沒什麼感覺耶。
要多久才會死…!?
咦…其實差不多了…
是…是喔,那至少,我死前想先吃點東西,我可以走了嗎?
不是,你再等一下嘛。

有毒的生物不在少數，有些生物會以體內或體表的毒進行防禦，比方說植物、蕈菇、青蛙與河魨，有些則是以毒針或毒牙進行攻擊，例如水母、蠍子、芋螺或蛇。鳥類是恐龍的後代，大家也知道幾乎所有鳥類都沒有毒性。少數的例外是黑頭林鵙鶲（*Pitohui dichrous*）和藍冠鶥鶇（*Ifrita Kowaldi*），牠們不是自己製造毒液，而是吃下有毒昆蟲後把毒性儲藏在羽毛或肌肉裡。

製毒或食毒後儲藏在體內對身體的負擔都不小，對於敏捷的鳥類來說，比起毒性，善用牠們的靈敏更利於生存。補充一下，現生的爬蟲類除了蛇類之外，只有極少數有毒。

既然鳥類和爬蟲類幾乎都沒有毒，有毒的恐龍應該也很少，而且即便恐龍的體內或體表有毒，毒性的痕跡也不會留下化石。沒想到2009年有一篇論文發表出來，主題是「中國鳥龍（*Sinornithosaurus*）可能透過毒液狩獵」。

中國鳥龍是最小的馳龍類肉食恐龍，有人發現牠上顎的牙齒有細細的溝痕，這是虎斑頸槽蛇（*Rhabdophis tigrinus*）這類「後溝牙毒蛇」身上常見的特徵。而且中國鳥龍的牙齒根部還有一個可能是用來儲存毒液的空間，因此牠們可能會透過毒牙制服大於自己的獵物，是以小博大的高手。

龍言龍語

後溝牙毒蛇就是口腔後側有毒牙的蛇種，
日本蝮（Gloydius blomhoffii）這種毒牙在前側的則是叫作
「前溝牙類」。

暴龍的咬合力是獅子的10倍

暴龍的咬合力可能是生物史上的冠軍。咬合力與下顎的肌肉量有關，因此可以從骨骼來推測。暴龍的頭骨很大，附著肌肉的範圍也很廣，因此推估牠們的咬合力可以達到6至8噸。以數字表現咬合力可能不太好理解，類比來說，這樣的咬合力是獅子的10倍，或者也相當於一隻咬住獵物的暴龍鼻子上，還有一隻暴龍在單腳跳舞的力道，可見應該沒有牠們咬不斷的獵物。

既然有這麼大的力量，就要有強度夠大的下顎與牙齒，暴龍的下顎很寬，顎骨也粗，強度上不成問題，暴龍牙也比其他肉食恐龍的更粗，微彎如香蕉狀。肉食恐龍牙齒的前後緣有牛排刀一般的鋸齒狀，利於將肉撕開，暴龍也不例外，不過牠們前側牙齒的剖面是呈現D字形。這樣講可能不太好理解，我們先把D的弧面當作口腔外側面，平滑面當作內側，平滑面的兩個角都有用來撕裂肉的鋸齒狀結構，因此這些牙齒的撕咬效能比其他牙齒更高，再加上暴龍強而有力的下顎，應該能輕而易舉將獵物撕裂。

有這種下顎與牙齒的暴龍，似乎會將獵物連肉帶骨吞下肚，我們實際上也在可能是暴龍的糞便化石中發現了大量的骨頭碎片。

龍言龍語

加拿大出土了7公斤的糞便化石，
裡面包含了大量角龍類群的頸盾骨。

咬不動，就用啃的

好耶，抓到大獵物了。
我們三人一組就無敵了啦！
喀啦
喀啦
喀啦
我在牠脖子上造成的傷害果然是最致命的。
不對吧，我對牠腹部的傷害才是。
喀啦
喀啦
喀啦
你胡說什麼？脖子肯定才是要害啊!!
啊!? 你外行耶，腹部才是最大的傷害啦!!
喂喂喂，你們不要吵架啦。
我們折衷一下…
就當作是我對尾巴造成的傷害最致命吧。
才不是。
竟然第一個開吃
喀啦
喀啦

異特龍的外表看起來很像暴龍，即便知道異特龍是侏羅紀恐龍，暴龍是白堊紀恐龍，還是可能會誤以為暴龍是異特龍的後代。牠們都是獸足類，親緣關係卻很疏遠，暴龍比異特龍更接近鳥類。

異特龍是常常被稱為「侏羅紀最強」的肉食恐龍（雖然還有更大型的近親獸足類恐龍，食蜥王龍……），因此在虛構的侏羅紀作品中，異特龍出場都會扮演類似暴龍的角色。不過如果仔細觀察，就會發現暴龍與異特龍差很多。

異特龍的頭部從側面看似乎很大，正面看起來就非常薄，很像是翻車魚。而且異特龍的牙齒並不粗，宛如厚一點的刀子，因此牠們沒辦法像暴龍連肉帶骨咬碎獵物，只能把肉啃下來吃。異特龍的咬合力與獅子差不多，體重是暴龍的1/3，感覺好像不是很強悍，不過換個角度來看，也可以說牠們是輕盈的獵人。

或許有些人聽到這裡會很失望，不過「侏羅紀最強」的封號也不是浪得虛名，我們在蜥腳類群的迷惑龍骨頭上竟然發現了異特龍的咬痕。異特龍與迷惑龍的體重相差超過10倍，異特龍還敢去攻擊迷惑龍，真不是蓋的，或許牠們會以團隊合作的方式進行狩獵。

龍言龍語

暴龍身體雖然巨大，前肢卻相對孱弱，只有兩隻手指，
而異特龍的前肢就很大，而且有三隻手指。

一指神功是喜歡蟲子的證據？

有一種前肢其短無比，而且只有一根粗大趾爪的神秘恐龍，叫作單爪龍（*Mononykus*）。單爪龍的後肢非常長，體格很像是跑者，前肢短成這樣反而很引人注目。*Mononykus*是「一根趾爪」的意思，發現者肯定也是對這隻趾爪興致盎然，可惜如今我們依然不知道為什麼單爪龍會演化成這麼奇怪的模樣。

單爪龍是阿瓦拉慈龍類恐龍，這類恐龍在獸足類中算是小型的，大小大約是腳與尾巴都長一點的雞。牠們的口腔中稀疏地排列了小小的牙齒，可能是以昆蟲為食。年代越近的阿瓦拉慈龍類，前肢就越短，原本的3根手指也變少。雖然手指變少了，前肢的骨骼卻依然很粗，附著了很多肌肉。

照理說既然前肢有肌肉，前肢趾爪也要能派上用場……於是有人絞盡腦汁勉強提出了「破壞白蟻巢說」。這個說法認為單爪龍可能像食蟻獸一樣，用前肢巨大的趾爪挖白蟻巢。

白蟻其實屬於滿年輕的昆蟲，是在早白堊紀從蟑螂演化而來，白堊紀的白蟻還不會建造蟻塚，牠們應該是住在樹木的內部。單爪龍是晚白堊紀的恐龍，因此牠們也可能是用趾爪挖樹、以白蟻為食，不過牠們的前肢實在太短了，用起來感覺很不方便呢。

龍言龍語

目前也不清楚暴龍的短前肢有什麼功用，
姑且有個說法是「用前肢抵住地面可以迅速站起來」。

最大的肉食恐龍竟然不是肉食主義而是魚食主義

在介紹暴龍的時候，常常用到的描述是「最大的肉食恐龍之一」，為什麼要加這個「之一」？因為暴龍面前有一堵高牆，全長16公尺的棘龍。

棘龍之所以能變得那麼巨大應該是因為牠們生活在水邊，棘龍的化石全是從河川或湖邊水域的地層出土的。由於浮力的關係，很重的身軀進入水裡就能減輕肌肉和關節的負擔，也成就了牠們的巨型化。

生活在水邊的棘龍雖然是最大的肉食恐龍，主食卻是魚類，牠們的嘴形細長，有許多細小的牙齒，適合在水中甩嘴捕魚，這種嘴形也與魚食性的長吻鱷和恆河豚相同。棘龍背部有很長的突起骨骼，這被認為可能是皮膜（棘帆），或許牠們在水中體溫下降後，會讓棘帆曬曬太陽恢復體溫。

雖然棘龍適應了水中生活而得以大型化，不過有一說認為牠們其實不諳水性。聽說棘龍的身體容易浮起來，如果全身下潛很容易側翻，既然是這樣，浸在水中的應該只有下半身，牠們可能會在水上徘徊，然後脖子一伸，探進水中吃魚。聽起來是很安穩的獵食生活，感覺很不適合參與恐龍之戰。

龍言龍語

2020年也出現了另一個說法，認為棘龍的尾巴可能是窄長形，是個能夠扭動身體游水的游泳高手。

有些恐龍可以水陸兩棲？

適應水邊生活的恐龍不是只有棘龍類，這一篇要來談談外型很像水鳥的恐龍，哈茲卡盜龍（*Halszkaraptor*）。馳龍類是鳥類的近親，哈茲卡盜龍是馳龍類恐龍，全身應該都覆蓋著羽毛，因此小頭、長脖子的牠們或許長得很像天鵝。

天鵝是以水草與藻類為主食，不過哈茲卡盜龍吃的是魚類。牠們會像企鵝一樣，把短短的前肢當作鰭狀肢來使用，在水中拍打翅膀抓魚，牠們的頭骨鼻尖還有空洞，這裡應該有透過水壓感知獵物存在的偵測器。而且哈茲卡盜龍的後肢很結實，可以在陸地上長時間步行。

哈茲卡盜龍出土的地層與恐手龍相近，都是約7000萬年前的蒙古地層，當時這一帶有很大的河川湖泊，以植物為主食的恐手龍偶爾還會吃魚。在這種環境下出現哈茲卡盜龍這種會游泳的捕魚高手也滿合理的。

目前我們還沒發現純水生的恐龍，但也可能只是剛好沒發現而已，畢竟有出土的恐龍化石不到1％。儘管如此，如果是海獅或企鵝這種半水中生活，恐龍應該也有十足的機會去嘗試，哈茲卡盜龍的出土正好就揭示了這樣的可能性。

龍言龍語

原本是有人盜挖了哈茲卡盜龍的化石之後轉賣到國外市場，這種化石常常能帶來重大的發現。

嘴長得像吸塵器是用來做什麼的？

蜥腳類群的恐龍全部都是植食性，植食性的鳥臀類有密密麻麻的「齒系」，但是蜥腳類群的牙齒不像鳥臀類，牠們的牙齒是鉛筆或杓子一般的棒狀齒，牙齒之間會有一些空隙。

一般認為蜥腳類群的巨無霸恐龍從早到晚都要進食，才能支持牠們這樣的體型。牠們的頭很小，一次能咬的量很少，咬合力也不是很強，因此蜥腳類群不會咬斷植物後磨碎，而是用牙齒扯斷後整口吞下肚。

吞下之後要怎麼磨碎植物呢？沒想到牠們的選擇是吞石頭，植物會被胃袋中大量的石頭磨得粉碎，蜥腳類群化石的胃部附近確實有發現經過千錘百煉變得很光滑的「胃石」。順帶一提，胃石並不是蜥腳類群的專利，其他植食性恐龍或鴕鳥也會用這一招。

蜥腳類群之中有一種牙齒相當奇特的恐龍，尼日龍（*Nigersaurus*）。牠們的嘴形如吸塵器般扁平，滿口細牙，不過口腔內側沒有牙齒，而且如齒系一般待命的預備齒有超過500顆。看到這裡是不是很想問「為什麼尼日龍的牙齒會長這樣」？其實牠們好像是以地面上的植物為食，這種嘴形很適合剷除矮小的植物。可見尼日龍不是吸塵器，而是除草機呢。

龍言龍語

尼日龍是在非洲的尼日出土的，
因此取名為「尼日的蜥蜴」（*Nigersaurus*）。

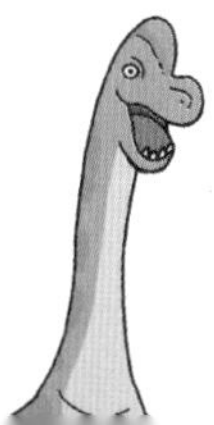

三角龍與長得像三角龍的三角龍鄰居

大家都很熟悉三角龍的大頭，尤其頸盾本身就占了頭骨的一半大小。巨大的頸盾可以保護頸部的要害，不過不同種角龍類群的頸盾也各異其趣，因此頸盾被認為可以用來分辨彼此是不是同種。如果同一個環境中有很多種類相近的動物，凸顯自己外觀的特色會比較容易找到同種的另一半，熱帶雨林的鳥類或珊瑚礁的魚群也一樣，不同種之間會爭奇鬥豔，呈現不同的繽紛色彩。

三角龍在爭奇鬥豔的角龍類群中是最大級的恐龍，有一說認為三角龍不是獨立種，而是牛角龍（*Torosaurus*）的年輕個體。牛角龍比三角龍更大一點，頸盾與角也更長，是具有「史上最大頭骨」的陸生動物。

三角龍眼睛上方的角在年幼時會向上長，長大的過程中再突然轉彎往前，頸盾外緣的骨骼則是比中央部分更硬一點，因此長角向前、頸盾中央有洞的牛角龍被認為是三角龍長大後的模樣。

不過由於後來沒有找到牛角龍與三角龍的過渡形態，而且也找到了牛角龍的年輕個體，這個說法幾乎就不成立了。只是說既然牠們都生活在晚白堊紀的北美，每次在路上狹路相逢搞不好都會覺得「好難分辨彼此啊」。

龍言龍語

牛角龍頸盾的洞可能有皮膚覆蓋，
這也是一種透過「鑽孔」達到輕量化的方式吧。

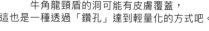

角龍類群的頸盾沒有極限

前一篇我提到角龍類群多樣化的頸盾能夠幫助牠們辨別彼此的異同，其實有不少大型角龍類的頸盾都很奇葩，奇葩到感覺不出任何實用性，因此以「不同種的差異化」當作頸盾演化的主因應該是正確的。

舉例來說，三角龍的學名是「有3支角的臉」的意思，牠們總共有3支長角，2支在眼睛上方，1支在鼻子上方。大家都見慣三角龍了，不會覺得長成這樣很奇怪，但是華麗角龍（*Kosmoceratops*）的15支角根本比奇怪更奇怪，而且大部分的角像瀏海一樣從頸盾上往下垂，不只沒什麼實用性，美感上也差強人意。同樣是頸盾上長角，皇家角龍（Regaliceratops）的角就像獅子豎立的鬃毛，看起來是滿帥氣的，但是還是有點過猶不及。

開角龍（*Chasmosaurus*）的頸盾指向天際，長達1公尺，很像是改裝重機的車尾裝上的長長蝦尾造型。戟龍（*Styracosaurus*）的頸盾雖然很短，但是邊緣長了劍狀的角，徒然把頸盾的長度灌了水。這些表現欲強烈的造型加上巨大的身軀容易製造很大的壓迫感，這麼張揚可能也讓敵人不好攻擊。

角龍類群的祖先在晚侏羅紀出場，而這些超越極限的頸盾全都在恐龍時代進入尾聲的晚白堊紀才出現。順帶一提，角龍類群中有最多化石出土的，可能是沒有頸盾也沒有長角的鸚鵡嘴龍。

龍言龍語

鸚鵡嘴龍類是雙足步行的小型角龍類群，在早白堊紀很興盛，後代卻沒有大型化，這一支譜系也就斷了。

恐龍決鬥的鐵證

咚——!!
哇——我要吃你們!!!
住手!!!
不要對我同伴出手!!!
颯啪——
咦!!
哇啊～
哇～～
靜～…
你…你為了同伴挺身而出…
哇喔喔喔!
我們懷念你!!! 謝謝!!!
咻——…
好，那我們去吃飯吧。
贊成——
靜——

在虛構作品的世界裡恐龍們可以自由開戰，不過即便同屬於晚白堊紀的恐龍，不是生存年代差到數千萬年，就是生活地區與環境不同，因此能捉對廝殺的組合意外地少。

而且即便恐龍真的對決過，能留下證據的也是罕例。我們還是有發現迷惑龍類和異特龍類的足印並列的化石，也發現劍龍身上有異特龍的咬痕，以及劍龍的尾刺刺入異特龍骨骼的痕跡。從這些化石可以發展出「異特龍追蹤並攻擊迷惑龍」或者「異特龍攻擊了劍龍卻被反擊」的推論，不過這樣的論述都帶有想像的成分，有些研究者也抱持否定的態度。

想要更鐵證如山的決鬥證據嗎？有一組化石可以給你參考，就是迅猛龍和原角龍的搏鬥化石。在這組搏鬥化石中，原角龍咬住了迅猛龍的右前肢，迅猛龍的兩隻前肢抓住原角龍的頭，後肢的巨爪刺入對方的頸部與腹部。這組化石的過人之處在於我們不是集結分散各地的化石後進行復原，而是出土時就保留了決鬥當時的姿勢，栩栩如生地重現了恐龍之間的真正決鬥。

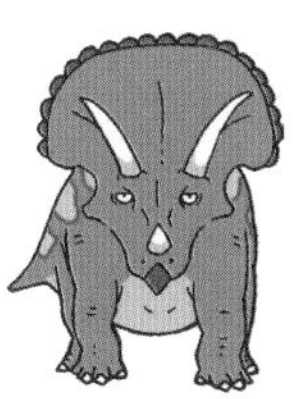

龍言龍語

這組「搏鬥中的恐龍」化石是從蒙古的戈壁沙漠出土的，牠們可能是在決鬥途中遇到沙塵暴，於是遭到了活埋。

極北之地也有恐龍

侏羅紀和白堊紀是恐龍最為活躍的時代，地球的平均氣溫比現在還高，南極大陸和北極圈也沒有冰蓋。當時的南極大陸與南美、澳洲幾乎是相連的，也有形成森林地帶，環境應該比現在更宜人。

話雖如此，越靠近極地氣溫就會越低，這無論是以前或現在都沒有改變。極地的夏天是日不落的「永晝」，冬天是日不昇的「永夜」，這裡的生物不但要夠耐寒，還要能在黑暗中活動，否則無法過冬。

過去我們認為極地出土的恐龍會像候鳥一樣，入冬就遷徙到溫暖的地方生活，沒想到近年北極圈發現了「恐龍寶寶的足印」與「蛋殼」，這是恐龍在極地下蛋的證據。恐龍沒有辦法帶著蹣跚學步的寶寶跋山涉水去溫暖的土地，因此全年在極地生活的恐龍肯定是存在的。

極地恐龍要怎麼度過冬天呢？其實這方面的研究才剛開始進行而已。而且極地出土的不只有「全都是在寒帶發現的」白熊龍（*Nanuqsaurus*），還有厚鼻龍（*Pachyrhinosaurus*）、埃德蒙頓龍（*Edmontosaurus*）這些「在溫帶地區很活躍」的恐龍。你是不是很疑惑「恐龍帶著一般的裝備能熬過極地的冬天嗎」？但其實現生老虎的棲息地也很廣，從赤道經過的蘇門答臘到酷寒的西伯利亞都有老虎的蹤影，而且部分的恐龍是恆溫動物，因此牠們能適應的氣溫範圍或許滿廣的。

龍言龍語

北海道大學的小林快次老師每年都會造訪阿拉斯加進行挖掘調查，他在2007年發現了鴨嘴龍親子的足印。

龍生在世，生病受傷都是常有的事

蛇或美洲鬣蜥的主人把寵物帶去動物醫院時很容易嚇到其他飼主，不過想當然爬蟲類也是會生病的。雖然很可惜有內臟疾病的恐龍在化石上也不會留下證據，但是如果罹患的疾病會讓骨骼變形，就有可能留下蛛絲馬跡。

比方說有研究指出暴龍可能會痛風，因為我們發現了前肢骨頭融化變形的化石。其實爬蟲類或鳥類攝取過多蛋白質就會痛風，要是給蛇或鸚鵡太多飼料也可能會痛風。補充一下，痛風的主因是尿酸，而且哺乳類可以分解尿酸，就算吃太多肉也不會痛風，不過類人猿失去了這項能力，因此我們還是會痛風。

除了疾病，受傷對恐龍來說也是家常便飯。這應該不難想像，恐龍要不是被掠食者攻擊，要不就是狩獵時被反擊，公恐龍彼此還要爭奪母恐龍，牠們每天的生活都危機四伏。要是在負傷的情況下存活了下來，骨折復原的痕跡就有可能留在化石上，尤其是肉食的獸足類，牠們四肢的骨折率非常高。

骨折的原因未必都是因戰負傷，令人意外的是，很多時候恐龍是在群體之中被同伴踩到尾巴而骨折。鴨嘴龍類過的是集體生活，而且很多個體留下了尾巴骨折後復原的痕跡，因此我們才會做出這樣的推測。

龍言龍語

龍生在世，難免會生病或受傷囉。

腕龍時間與暴龍時間

高個子爺爺啊，爺爺活多久了？
嗯～？
這個嘛～你們這些肉食仔…
我看你們出生、產子又出生，已經好幾個世代了。
嗯，我也活很久了。
家人都不在，我沒什麼牽掛了…
最近一直在睡覺。
是喔。
你看，爹地。
點頭

恐龍的壽命大概有多長？各位應該都有個概念是「體型大的生物很長壽」，比方說弓頭鯨（*Balaena mysticetus*）的壽命超過100年，倉鼠的壽命卻只有2至3年。不過壽命也不是單純取決於體型大小，以暴龍為例，從暴龍骨頭的橫切面計算年輪，會發現最長壽的暴龍只有30歲。各位很熟悉的外來種寵物紅耳龜也相差不遠，因此壽命實在不太可能與體型成正比。

其實與動物壽命息息相關的是「代謝」，代謝率低通常會比較長壽。大型的恆溫動物體表散熱比較少，代謝也會比較低，而變溫動物不需要消耗熱量維持體溫，因此小型變溫動物的代謝也可以限縮到很低。

恐龍不同於變溫動物的烏龜，恐龍的活動力很旺盛，自然沒辦法很長壽。小型恐龍的壽命又特別短，獸足類的傷齒龍是3到5年，角龍類群的鸚鵡嘴龍是10年左右。不過腕龍這種大型的蜥腳類群在紀錄中有活到43歲的，有人認為牠們最長可以活超過100歲。無論如何，本來就只有極少數的野生動物能夠壽終正寢，野生動物在衰老之前就會先因為體力下滑而提升死亡率，想知道牠們壽命的極限也是難上加難。

龍言龍語

繩文時代的人類平均壽命只有30歲左右，
反觀現在，偶爾還會出現超過120歲的人瑞呢，
就連人類壽命的極限我們都還不是很清楚。

二氧化碳濃度與氣溫的關係

在學地球暖化時我們常常會聽到「二氧化碳」，二氧化碳也對恐龍們造成了一些影響。現代的二氧化碳濃度大約是400ppm，1ppm是0.0001%，意思就是大氣中的二氧化碳只有0.04%，與氮（78%）和氧氣（21%）相比算是非常少的。

為什麼這麼少量的二氧化碳卻會受到大量的關注？因為它影響了氣溫。地球會反射一部分的太陽熱（紅外線），而二氧化碳具有吸收紅外線的特性，代表濃度越高，大氣中就會留住越多熱。

不過還是有生物很歡迎二氧化碳的增加，就是植物。光合作用會消耗二氧化碳，只要有大量的二氧化碳，光合作用就會很活絡。而且要是二氧化碳讓氣溫上升，在極地附近地區的植物入冬也不需要休眠，可以繼續成長。

植物在石炭紀不斷消耗二氧化碳，二氧化碳濃度下降到與現在差不多的程度，但是進入二疊紀後，蕈菇等菌類開始分解樹木，二氧化碳濃度又再次開始上升，再加上火山活動排放出大量的二氧化碳，侏羅紀一開始的二氧化碳濃度攀升到0.14%左右。

於是巨大植物在侏羅紀到白堊紀就變得很茂盛，以植物為食的植食性恐龍也才能成功大型化。

第4章

恐龍也想談戀愛

從骨骼可以看出恐龍的性別（嗎）

分辨恐龍的性別是一項艱難的任務，哺乳類產下的是大寶寶，因此骨盆形狀常常因性別而異，而爬蟲類產下的是小的卵蛋，雄性和雌性的骨骼就不會有太大差異，而且生殖器這種柔軟的組織當然也不會變成化石。

不過偶爾還是有些例子能看得出性別差異，比方說有時候會很罕見地出土腹中有卵蛋的化石。又比方說鳥類在進入繁殖期時，會在後肢骨骼以「髓質骨」的形式，儲存形成蛋殼需要的鈣質。恐龍也一樣，如果在化石中發現了髓質骨，就知道這隻恐龍是母恐龍。我們在暴龍的大腿骨發現過類似髓質骨的物質，因此認定這是隻母恐龍，反過來說，我們發現某組化石是孵蛋中的竊蛋龍類，才剛下完蛋，這隻孵蛋的恐龍卻沒有髓質骨，就會被視為公恐龍，可見竊蛋龍極有可能是公恐龍負責孵蛋。

除此之外，有些恐龍雄性與雌性的外觀似乎也有差異，比方說角龍類群的原角龍有兩種頸盾，有一說認為這是性別差異，但是我們不知道哪一種是公，哪一種是母。

如果是頭上的突起（頭冠），公的鳥腳類恐龍（副櫛龍等）與翼龍（無齒翼龍等）可能大於母恐龍，不過這也只是基於孔雀、天堂鳥的母鳥比較樸素，雄鳥卻都很華麗，才有這樣的類推而已。

龍言龍語

如果公母恐龍的差異太大，還有可能會被當作是不同種恐龍，在發表中被寫成不一樣的名稱。

恐龍可能會跳求偶舞

我練習的時候一直想著妳。
請接受我的心意吧。
好。
啊——
嘿咻嘿咻
嘿咻嘿咻
嘿咻嘿咻
啊，
嘿咻嘿咻!!
揮舞
揮舞
一二三四
一二三四
啊—
嘿!!!
噹
噹!!
呃～這個嘛，我感受到了你的熱情，
不過你的技術面好像略顯拙劣…
感覺方法與目的不太相符…
沒想到會受到這麼認真的批評。

我們在日常生活中也許不會去區分「羽」和「翅」的差異，不過這兩者是不一樣的，「羽」是一片一片的羽毛，「翅」是前肢變形後被羽毛覆蓋的器官。翅膀的用途當然就是飛翔，不過如果追溯起源，會發現翅膀竟然是為了繁殖而出現的。

恐龍的羽毛原本像是哺乳類的針狀毛，後來分岔變成容易保存空氣的絨羽，然後繼續演化成正羽，在一根羽軸左右密集排列很多羽枝。我在前面的篇幅雖然說過「羽毛的起源是保溫」，不過正羽其實不太能保溫。現生鳥類的前肢長了正羽就是翅膀了，但是不會飛的恐龍似乎不需要正羽。

那麼為什麼恐龍會演化出正羽？因為跳求偶舞時，正羽有利於吸引異性的目光，羽毛相當於貓王的服裝。在展開前肢時，有正羽的裝飾看起來就是又華麗又氣派。因此即便似鳥龍的翅膀孱弱到實在不像是能飛的樣子，翅膀上還是長了美麗的正羽，不會飛的鴕鳥也確實會展開翅膀跳舞求偶。

翅膀的用途也包括護住恐龍蛋提高保溫效果，或者為恐龍蛋阻擋日曬和雨淋，翅膀在被挪為各種其他用途的過程中也漸漸大型化了。

龍言龍語

正羽比絨羽更硬更堅固，因此也有保護皮膚的功能。

用頭頂呼喊愛的副櫛龍

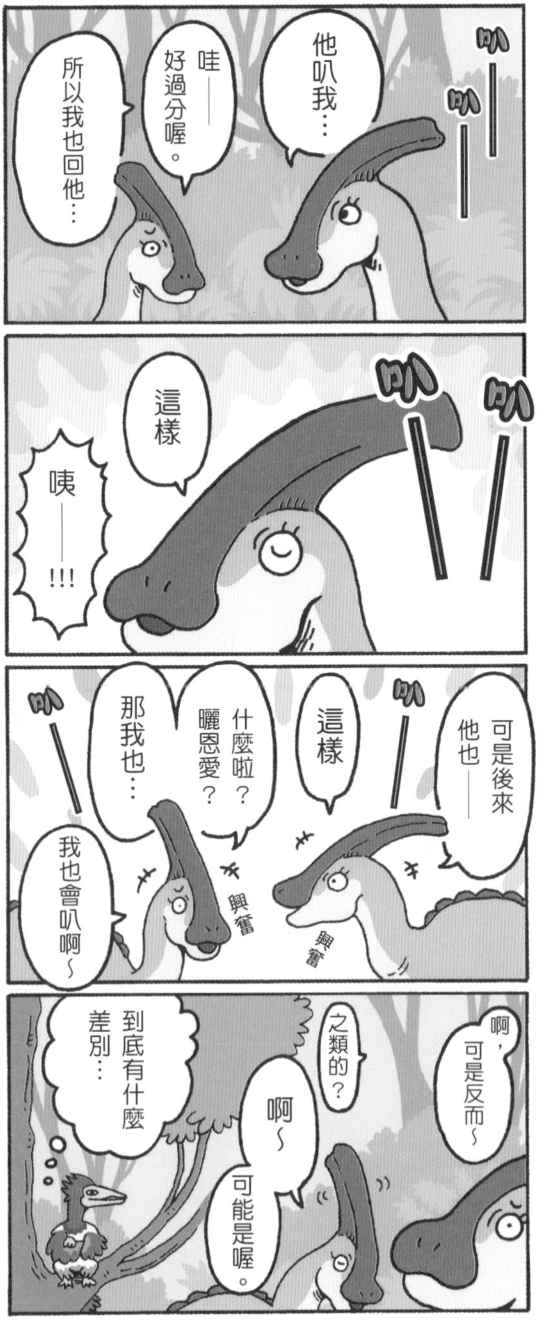
叭——
叭——
他叭我…
哇——好過分喔。
所以我也回他…
叭——
叭——
這樣
咦——!!!
叭——
可是後來他也——
這樣
什麼啦？曬恩愛？
那我也…
叭——
我也會叭啊~
興奮
興奮
啊，可是反而~
之類的？
啊~可能是喔。
到底有什麼差別…

大家都很熟悉副櫛龍頭上向後延伸的頭冠，鴨嘴龍類的外表大多都比較不起眼，副櫛龍卻長得特別突出，因此或許很多人都對這個奇特的頭形有印象。

牠們長長的頭冠中有與鼻子連通的骨頭，形態類似全罩式面鏡的呼吸管，以前還有一說認為牠們會把頭冠露出水面好在水中呼吸。不過經過仔細的調查之後，發現頭冠骨的前端沒有孔洞，不能當作呼吸管使用。那麼為什麼頭冠會這麼長？可能是為了與同伴溝通或者呼喊愛情。

頭冠內部有管狀結構，只要發出巨響就會產生共鳴，讓聲音傳到遠方。這種結構與笛子類的管樂器相同，發出來的聲音我們認為類似電車鳴笛的「叭」聲。很多鴨嘴龍類過的是集體生活，而副櫛龍卻是單獨生活，對於牠們來說，聲音傳得遠不遠會嚴重影響找到伴侶的成功率。

另外，我們還找到頭冠短而且前端彎曲的個體，因此有一說認為頭冠長的是公恐龍，短的是母恐龍。如果這個說法正確，進入繁殖期時，公母副櫛龍或許會發出不同音色的聲音從遠方呼喊愛情，其實還滿浪漫的呢。

龍言龍語

副櫛龍的頭冠內部有嗅覺細胞，
或許也能幫助牠們聞到遠方的味道喔。

長羽毛後知道情為何物的恐龍

各位還記得我前面提到羽毛原本是用來保溫，後來被挪為繁殖和飛翔之用吧，這一篇要談的是羽毛孵蛋的功能。

絨羽這種羽毛可以保留空氣，透過體溫將絨羽的空氣加溫後就可以進行保溫了。這代表羽絨被直接蓋在身上，會比中間隔一條毛毯更溫暖。羽毛可以維持一定的體溫，才能用羽毛為恐龍蛋保溫、孵化小寶寶，於是就出現了一些會築巢孵蛋的有羽毛恐龍。以竊蛋龍為例，牠們其實不是「偷蛋賊」而是「孵蛋龍」（參考139頁），有一說認為牠們孵蛋時會將蛋排成放射狀，自己蹲在中間，以體溫把蛋加熱到35至40度。

但其實被發現孵蛋痕跡的恐龍只是少數中的少數，多數的恐龍應該都是生完就不管了。雖然是生完就不管了，恐龍還是會為孵蛋下很多功夫，有的會把蛋埋在沙地裡透過太陽熱或地熱孵化，有的會把蛋下在腐植土中，透過落葉的發酵熱孵化。

順帶一提，許多現生鳥類在進入孵蛋時期之後，腹部的部分羽毛會脫落形成「孵卵斑」，讓牠們的皮膚可以直接貼在蛋上孵蛋，而且孵卵斑有很多血管經過，比其他部位更容易傳熱。我們不清楚恐龍是不是也有類似孵卵斑的東西，就算有也很難透過化石找到證據。

龍言龍語

竊蛋龍類在孵蛋時為了避免把蛋壓碎，
不會在蛋巢中心放蛋，而是將蛋排成甜甜圈的形狀。

不是只有孵蛋才稱得上是愛

很多恐龍都不會孵蛋，不過我們倒是會發現一些集體營巢的痕跡。集體營巢的目的在於防禦掠食者，比方說企鵝會透過集體營巢監視外敵，如果有中賊鷗（*Stercorarius pomarinus*）覬覦雛鳥而步步逼近，整群企鵝會開始喧鬧起來驅趕敵人，人海戰術是很有用的。

不過也要有人負責孵蛋才會有這樣的優勢，如果親鳥下完蛋就消失了，集體營巢地就會變成單純的「鳥蛋山」，吸引偷蛋賊來下手。營養滿分的卵蛋是人見人愛的美食，對於「生完就不管的恐龍」來說，集體營巢好像沒有什麼優點。

沒想到2019年戈壁沙漠出土了集體營巢地，巢主竟然是「生完就不管的恐龍」，鐮刀龍類。牠們的恐龍蛋殼上有很多細小的孔洞，因此有人推測牠們會把蛋埋在巢材中，透過腐植土的發酵熱孵化，不會親自孵蛋。儘管如此，營巢地一帶的營巢成功率（孵化出超過一個蛋的巢占所有巢穴的比例）還是高達60％，由親鳥保護巢穴的鳥類營巢成功率也差不多是這個數字。

之所以明明不孵蛋卻有很高的營巢成功率，可能的理由是恐龍父母留在巢穴附近監守恐龍蛋。外表像金鋼狼的瘋狂恐龍竟然會守護恐龍蛋、引頸期盼小寶寶的孵化，這還真是「反差萌」啊。

龍言龍語

現生的爬蟲類和鳥類大多分兩種，
一種是埋蛋類，生完就不管了。
而會在開放空間下蛋的，大多有親職的照護。

最大的恐龍蛋有多大？

生產順利結束了呢，親愛的♥
呼…
辛苦了，寶貝♥
第一次產卵，真擔心他們好不好…
沒問題的，這些蛋都很完美喔。
蛋有多大，我們的愛就有多大啊!!
哇，親愛的…
甜蜜蜜~
好了，去吃飯吧。
奇怪…
不過每顆蛋都比我以為的小耶，
到手的愛就是這樣嗎…
靜——

各位可能以為大型恐龍的蛋也會很大，事實出乎意料地並非如此。即便是全長超過30公尺的最大級蜥腳類群，恐龍蛋的直徑也不到25公分，這個比例就像是人類母親生下了鵪鶉蛋一樣。

產下最大鳥蛋的是什麼鳥類呢？這個答案是不久之前（其實也幾百年前了）都還生活在馬達加斯加的象鳥。象鳥蛋長徑40公分，短徑32公分，總重10公斤左右。象鳥蛋這麼大，象鳥本身當然也很巨大，不過牠們從頭到腳還是只有3公尺多。鳥類在育雛上比恐龍更悉心呵護許多，很多鳥類的產量小，但蛋會比較大。

除此之外，不同類別的恐龍，蛋型也不一樣。舉例來說，蜥腳類群或慈母龍（*Maiasaura*）的恐龍蛋接近球形，鳥類近親的獸足類則會產下雞蛋形狀的恐龍蛋。更進一步來說，現生爬蟲類的蛋殼都是白色，但至少我們知道部分竊蛋龍類的蛋殼是藍綠色的。

補充說明，目前出土最大的恐龍蛋名為「巨型長形蛋」（*Macroelongatoolithus*），長徑44公分，短徑16公分。這串咒語般的英文單字是這種恐龍蛋本身的名字，而產下巨型長形蛋的是超大型的竊蛋龍類，貝貝龍（*Beibeilong*）。

龍言龍語

另外補充，最小的恐龍蛋是日本兵庫縣出土的Himeoolithus murakamii，長徑4.5公分，也是這種恐龍蛋本身的名字。

竊蛋龍才不是什麼小偷……嗎？

竊蛋龍是相當受歡迎的小型恐龍，牠們有南方鶴鴕般的骨質頭冠，以及鳳頭鸚鵡般的粗喙嘴，推測是生活在晚白堊紀的蒙古，以果實為食。既然都以果實為食了，為什麼還會被叫「竊蛋龍」？1920年代初次出土的化石中，竊蛋龍出現在（推測是）原角龍的恐龍蛋旁邊，於是我們就以為竊蛋龍是想偷蛋來吃。

沒想到到了1993年，真相水落石出了。我們發現竊蛋龍近親恐龍的化石覆蓋在蛋巢裡的恐龍蛋上，這些恐龍蛋與當初的恐龍蛋是同一類，而且蛋裡發現了竊蛋龍類的胚胎（孵化前的小寶寶）骨頭，這代表竊蛋龍類是在孵蛋！

這樣一來，最初發現的竊蛋龍可能不是想偷蛋吃，牠們只是要孵自己的蛋而已，於是竊蛋龍最近成功從「偷蛋賊」轉型為「孵蛋恐龍」了。

可是我們也不敢就此斷定「70年的沉冤昭雪」了，竊蛋龍是以果實為主食的雜食動物，牠們還是非常有可能會吃其他恐龍的蛋。說到底，難道吃別人家的蛋就是「小偷」嗎？非洲的食卵蛇專吃鳥蛋，我倒是想問問看牠們有什麼想法。

龍言龍語

我在127頁提到，我們調查竊蛋龍的骨骼後，
發現孵蛋中的竊蛋龍沒有髓質骨，
代表孵蛋可能是公恐龍的責任。

超大型恐龍的孩提時期是一場生存戰

蜥腳類群很多是全長超過30公尺的超大型恐龍，不過牠們並不是一出生就那麼大。蜥腳類群的恐龍蛋最大直徑不會超過25公分，恐龍寶寶與成年恐龍相比小非常多。恐龍蛋的數量相對來說就很多，一季有時候會產下100顆。

蜥腳類群過的是群體生活，繁殖期會在地面挖洞下蛋。但是剛孵化的恐龍寶寶實在太小了，要是在恐龍父母身邊走來走去，很有可能會被一腳踩死，因此剛孵化的寶寶必須馬上離開父母身邊。

有一說認為離開父母身邊之後，小寶寶會自己集結成團，互相挨著身子生活。蜥腳類群的恐龍寶寶長得與成年恐龍一樣，牠們的速度肯定也不快，孩提時期的「龍生」是一場生存戰，幾乎所有幼龍在長大前都會被獵食，這可能也是牠們產下特別多蛋的原因。

但是過了幾年以後，等幼龍長到成年恐龍的1/3大時，牠們會尋找同種的群體一起生活。雖然成年恐龍不太可能養育小孩，不過在龐然大物的包圍下，肉食恐龍也很難出手，這代表成長到這個階段死亡率就很低了。進入青春期後，「龍生」突然變得輕而易舉。

龍言龍語

據說蜥腳類群的掠食龍（*Rapetosaurus*）剛出生體重是3.4公斤，出生39到77天就會變成40公斤。

育子恐龍的代表——慈母龍

各位新手媽媽好，
你們都順利下蛋了嗎？
對~
對~
那再來就像這樣在蛋上鋪葉子。
鬆軟
訣竅是要小心輕放喔。
哇~!!!你們看!!
哇—
好可愛—
可愛的寶寶誕生了!!!
兇!!!
那就
解散!!!
各位辛苦了!!!

慈母龍就是「好媽媽蜥蜴」的意思，這個名字是怎麼來的？因為第一個出土的慈母龍化石很像是在「養育寶寶」。

慈母龍會在地上挖洞，建造直徑2到3公尺的隕石坑狀蛋巢，然後產下大約20顆蛋。我們發現好幾個蛋巢的化石之間只隔了數公尺，代表慈母龍可能是集體營巢。不過慈母龍並不會孵蛋，牠們是在恐龍蛋鋪上幾層枯葉，透過植物腐爛產生的發酵熱來保溫。既然不孵蛋，為什麼會認為牠們在養育寶寶呢？這是有原因的。

從慈母龍巢的化石來看，恐龍寶寶的足關節並不成熟，應該還不會走路，但是牠們的牙齒已經有所耗損了，代表可能是媽媽帶植物來餵食寶寶。只是我們也發現有些鳥種的雛鳥在孵化後立即離巢，牠們的足關節也還不成熟，再加上恐龍的牙齒在孵化前就有可能耗損了，因此這稱不上是決定性的證據。

大部分的鳥類都會餵食並養育雛鳥，可是慈母龍是與鳥類的親緣關係很遙遠的鳥腳類，而且目前已知會孵蛋的恐龍，都只有鳥類近親的獸足類，說「鳥腳類會育子」實在太不合常理。儘管如此，慈母龍的育子說還是很吸引大眾的目光，因此如今「育子恐龍」的封號依然是由慈母龍所獨享。

龍言龍語

慈母龍（*Maiasaura*）的「Maia」是好媽媽，
「saura」則是蜥蜴saurus的陰性名詞。

暴龍會全家一起狩獵？

我要吃了你們!!!
咚咚
咚咚
哇～肉食仔～
快逃啊!!
爹地，趁現在!!
好可怕，這裡也有。
唔喔喔喔喔
咬
好大啊!!
讚耶。
唉呀，不愧是爹地，我們這個組合太無敵了!!
……
唔喔喔喔喔喔
嚼嚼
嚼嚼
嚼嚼
咦？怎麼了…？
剛剛沒抓到的那隻…
唔喔喔喔喔……
比較大啊…

暴龍的體格強壯，牠們的頭不但巨大還有一定的寬度，再加上體型是最大等級的，因此可能是噸位最大的肉食恐龍。我們推測暴龍的體重是7公噸，但是這樣的噸位對於加速很不利，牠們的跑步速度可能只有時速20至30公里，這與人類全力衝刺的平均速度不相上下。

暴龍生活在晚白堊紀的北美，此時的北美除了阿拉摩龍（*Alamosaurus*）之外，其他巨大又遲緩的蜥腳類群都已經滅絕了，於是有一說認為不太敏捷的暴龍是以屍體為主食。但實際上有暴龍攻擊活體獵物的證據出土，可見暴龍確實會進行狩獵。

過去一直只有暴龍個體的化石出土，我們就一直認為牠們是獨居動物，不過2014年在一個地方找到了3隻恐龍的足印化石，代表牠們也有可能是群居動物。再加上暴龍幼年和成年的體型不同，12歲以前的暴龍都像模特兒一樣骨骼很細、腳很長，腳程可能也很快。

於是現在出現一個新的可能，就是暴龍一家人會分工合作進行狩獵。暴龍首先以敏銳的嗅覺尋找獵物，接著幼龍吸引獵物的目光，將牠們趕進狩獵場，在場中埋伏的成年恐龍再給予獵物最後一擊。假如最強的肉食恐龍連這種組織性的狩獵都學會了，即便是三角龍也只能舉頸盾投降了吧。

龍言龍語

與暴龍差不多重的非洲象會以時速40公里的速度「行走」。
大象的體重過重，沒辦法抬起腳來「奔跑」。

中生代的魚類

我們在恐龍圖鑑中看到的中生代大海，好像滿滿都是魚龍、蛇頸龍、滄龍（蜥蜴）和古巨龜（烏龜）這些巨大的爬蟲類，不過在中生代的海洋中魚類還是遠遠多於爬蟲類。

中生代的魚類和現在的魚類在外型上相差不遠。古生代的泥盆紀出現了各種譜系的魚類，因此被稱為「魚類的時代」。但是中生代與現在一樣，大多數的魚都是硬骨魚類，鯊魚這種軟骨魚類已經是少數派，而像鄧氏魚（*Dunkleosteus*）這種一臉「古代魚」一樣的盾皮魚類也已經滅絕了。

話雖如此，一口漩渦狀牙齒的軟骨魚類「旋齒鯊」（*Helicoprion*）還是活到了三疊紀初期，「腔棘魚類」到侏羅紀末期為止也都很興盛。在侏羅紀的海洋中，有一種張開大嘴巴濾食水中浮游生物的「利茲魚」（*Leedsichthys*），牠們是史上最大的硬骨魚類，全長達到16公尺。另外像晚白堊紀的巨鯊「白堊刺甲鯊」（*Cretoxyrhina*）雖然沒有新生代的「巨齒鯊」（*Megalodon*）出名，不過牠們全長10公尺，會獵食蛇頸龍與古巨龜。

補充一下，現在海洋中最大的軟骨魚類是全長18公尺的鯨鯊（*Rhincodon typus*），最大的硬骨魚類是全長11公尺的皇帶魚（*Regalecus glesne*），最大的爬蟲類是全長7公尺的灣鱷（*Crocodylus porosus*），最大的哺乳類是全長33公尺的藍鯨（*Balaenoptera musculus*）。

第5章

我不是恐龍，但是我也很厲害

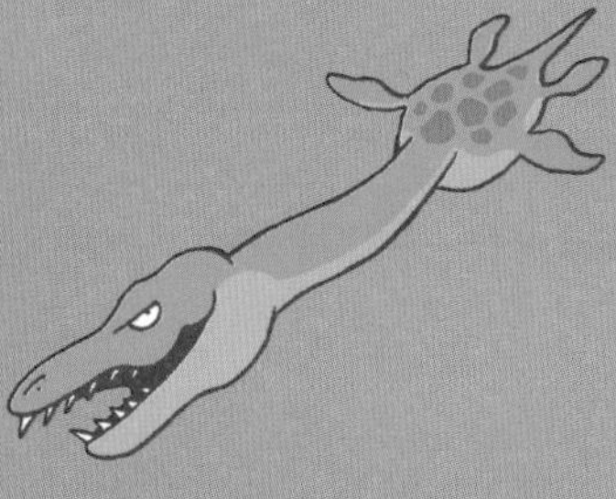

鱷魚在中生代依然精益求精

我們會說「中生代是恐龍的時代」，但是這句話有點瑕疵，因為恐龍要到侏羅紀以後才開始稱霸天下。侏羅紀之前的三疊紀，是各種爬蟲類角逐霸主之位的戰國時代，此時勢力版圖擴張最大的是鑲嵌踝類。法索拉鱷（*Fasolasuchus*）是三疊紀末期的鑲嵌踝類，全長達10公尺，是三疊紀陸地最大的肉食動物。

鑲嵌踝類成功的理由在於牠們的腳長在身體正下方，一般認為這種形態的運動能力很高。而且三疊紀初期的氧氣濃度稀薄，平地的氧氣只有現在富士山山頂的濃度，鑲嵌踝類可能是因為氣囊發達，可以有效率地呼吸氧氣，因此才興盛了起來。

聽到「腳長在身體下方」和「氣囊發達」是不是覺得有點耳熟？沒錯，恐龍也一樣，鑲嵌踝類本來就和恐龍一樣是「主龍類」。那為什麼三疊紀是鑲嵌踝類比較興盛呢？可能就是先搶先贏吧。牠們的演化比恐龍更早一點，搶得先機，或許這也讓後來居上的恐龍停滯不前。

鱷魚之外的鑲嵌踝類都在三疊紀末的大滅絕中消失了，而且鱷魚在接下來的中生代依然有很多樣的演化，包括「長距離跑動」、「濾食水中的浮游生物」、「腳變成鰭狀肢」、「以植物為食」等。這種多元樣貌的鱷魚譜系也在白堊紀末絕跡了，不過直到如今，鱷魚還是會在溫暖地區的水邊散發著驚人的氣場。

龍言龍語

現在鱷魚的腳不是長在身體正下方，而是像蜥蜴一般往外延伸，這種形態可能是為了適應水邊的生活。

歌津魚龍重返大海

喂，有隻很陌生的傢伙在游泳。
啊，是說在下嗎？
喂，你跟魚有點不同，
你到底是什麼？
在下無從回答這個問題，在下就是在下…
是喔，那你平常都吃些什麼？
這個嘛…在下什麼都吃，硬要說的話…
是我吧!?
就是我吧!!?
嘔嘔嘔嘔嘔…

爬蟲類不同於魚類或兩棲類，牠們的身體和卵蛋都很耐旱，因此得以離水而居，而魚龍類卻是一群特地從陸地重返海洋的動物。

古生代尾聲發生了人稱地球史上最大的大滅絕，據說96%的海洋生物都滅絕了。在廣袤海洋中大型動物的生態棲位出現了空缺，此時魚龍的祖先碰巧進軍海底，在敵人缺席的情況下，牠們大獲成功。

現在看回恐龍身上，恐龍幾乎都無法進軍水的世界。雖然棘龍可以在水邊生活，但是目前我們並沒有發現哪一種腳變成鰭狀、完全生活在水中的恐龍，可能的原因就是魚龍類的存在。

魚龍類的出現比恐龍早2000萬年，是在早三疊紀。我們在宮城縣歌津町（現為南三陸町）發現了歌津魚龍（*Utatsusaurus*）的化石，化石留下了原始魚龍的模樣，不但沒有背鰭，尾鰭也正在發展中，泳速應該很慢。不過在一個沒有對手的環境中，早來的就是贏家。先求快再求好的魚龍類開拓出藍海後不斷演化，到三疊紀末出現了魚龍這種更成熟的生物。

魚龍類演化成類似海豚的模樣是因為牠們也過著相似的生活，透過敏捷的泳速捕捉獵物。順帶一提，蛇頸龍與恐龍同樣是晚三疊紀出現的，不過蛇頸龍與先驅者魚龍類的棲位並不重疊，因此成功以不同的模樣進軍了海洋世界。

龍言龍語

哺乳類的海豚也重返了大海，
海中的大型爬蟲類在中生代尾聲滅絕之後，海豚進軍海底，
成功搶占了空出來的棲位。

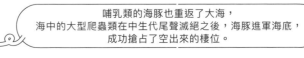

史上最大的飛行生物——風神翼龍

在晚三疊紀率先飛上天空的脊椎動物是翼龍，天上沒有牠們的對手，能夠飛行是絕佳的優勢，於是翼龍到了接下來的侏羅紀又有了更大的發展。補充一下，巨脈蜻蜓（*Meganeura*）這類古生代的大型昆蟲在當時已經滅絕，因此翼龍在天上照理說沒有任何競爭對手。

沒想到進入晚侏羅紀後，牠們就出場了。是的，就是鳥類。鳥類的羽毛翅膀可以進行更細膩的飛行行為，羽毛受傷了還會長出新的，更勝翼龍的飛膜翅膀一籌，於是翼龍就漸漸式微了。

不過翼龍終究突破了難關，在接下來的白堊紀依然占有一席之地。牠們究竟是怎麼做到的？答案是巨型化。白堊紀的翼龍都很大型，白堊紀尾聲還出現翼展長12公尺、相當於零式戰機的龐然大物「風神翼龍」（*Quetzalcoatlus*）。不過，白堊紀的翼龍也不是因為大型化而興盛的，而是小型翼龍不敵靈活的鳥類全數滅亡，結果棲息環境中只剩下了大型的翼龍。

最大的翼龍是風神翼龍，體重有人說是70公斤，有人說是200公斤，重到不像是會飛的動物。而且牠們收起翅膀四足站立的時候，高度與長頸鹿差不多，因此有一說認為牠們根本不會飛。不過如果都長成這樣了還不會飛的話，那對翅膀也太礙事了吧，希望牠們是會飛的啊。

龍言龍語

現在會飛行的最重鳥類是灰頸鷺鴇（*Ardeotis kori*），重17公斤，這公認是鳥類能獨力飛行的極限重量。

巨大的海龜——古巨龜

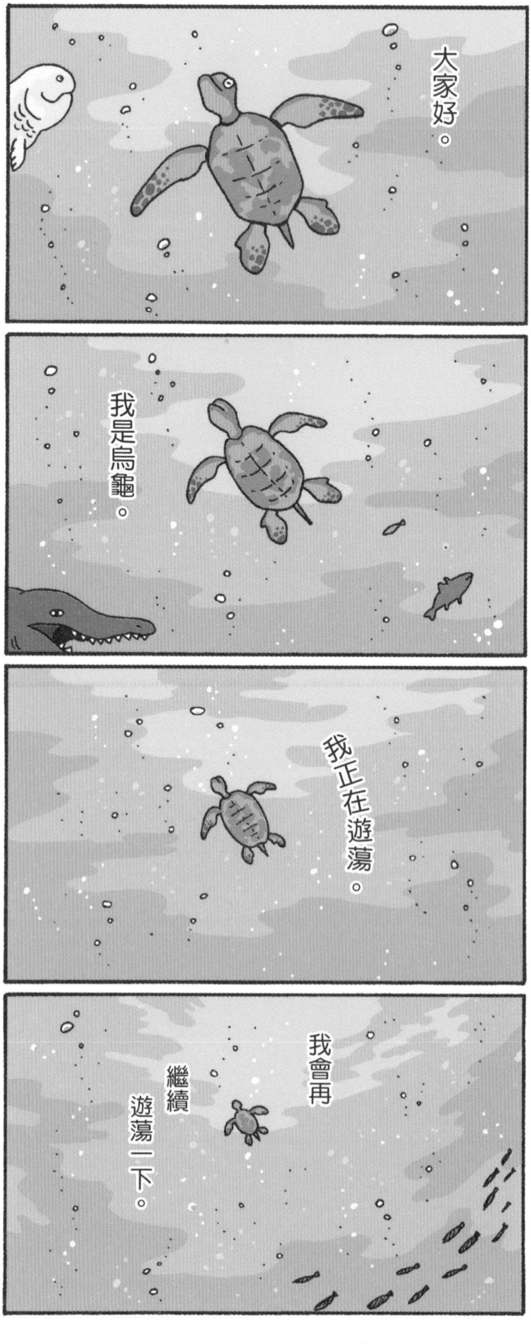
大家好。
我是烏龜。
我正在遊蕩。
我會再
繼續
遊蕩一下。

陸生烏龜在整個中生代都很不起眼，不過進入晚白堊紀後，進軍海洋的烏龜中出現了超級巨星——古巨龜。古巨龜全長4公尺，前肢張開寬達4公尺，是史上最大的烏龜。這種烏龜重達2噸，相當於大型的肉食恐龍，恐龍圖鑑中會介紹的烏龜幾乎就只有牠們了。

古巨龜看起來很所向無敵，實際上卻不然，牠們的背部覆蓋的是有彈力的皮膚，不是堅硬的龜殼，而且龜殼與現在的海龜一樣，是水波阻力較小的薄型龜殼，無法收起頭或腳。

你以為體型巨大就不會被攻擊嗎？在晚白堊紀的海中，全長4公尺並不算有多大，牠們生活的北美淺海，存在著比古巨龜更巨大的滄龍類「海王龍」（*Tylosaurus*），以及白堊紀最大的鯊魚「白堊刺甲鯊」，古巨龜應該會被牠們獵食吧。而且古巨龜可能還要和蛇頸龍類的「薄片龍」（*Elasmosaurus*）搶食物。

古巨龜雖然是史上最大的烏龜，白堊紀的海洋卻是一級戰區。古巨龜只出土了5具化石，其中一具的右後腳就是被生吞活剝的狀態，而且我們只在淺海發現牠們的化石，代表牠們還不是那麼會游泳，不像現在的海龜可以進軍到遠洋。

龍言龍語

古巨龜是海龜，因此會上沙岸產卵，
而蛇頸龍、魚龍或滄龍類則是在水中生產。

知名動畫電影的雙葉鈴木龍

《哆啦A夢》的第一部電影叫作《大雄的恐龍》，電影版的特別角色是一隻叫「嗶之助」的蛇頸龍（雙葉鈴木龍）。各位都知道蛇頸龍不是恐龍，不過作品取名叫「大雄的蛇頸龍」好像不太吸引兒童，經過作者與編輯的協商之後，1975年原作刊登在雜誌上時，就取名為「大雄的恐龍」了。商業出版常常會有這種「雖然不正確，但是夠吸睛」的需求。

這個時候你是不是覺得「乾脆不要畫蛇頸龍，畫恐龍就好了吧」？不過「大雄在自家附近挖到恐龍蛋」是故事的核心，如果不是日本產的動物，故事很難發展下去。現在的話可能會改成神威龍（*Kamuysaurus*）的蛋，不過當時還沒有什麼知名的日本產恐龍，相較之下，雙葉鈴木龍（*Futabasaurus suzukii*）的化石在1968年出土，這是日本第一個大型爬蟲類的全身化石，又是一名高中生出於興趣挖化石時發現的，媒體大肆報導，當時的小孩對這件事都很熟悉，應該很適合拿來當作漫畫的題材吧。

雖說「發現恐龍蛋」是這個故事的核心，不過蛇頸龍是直接產下小寶寶的，因此「雙葉鈴木龍蛋」並不存在，不過我們要到1987年，腹中有小寶寶的蛇頸龍化石出土後才會知道這件事。順帶一提，《哆啦A夢》的作者是出了名的古生物愛好者，1986年「大雄與龍之騎士」的故事主軸採用了當時最新的「隕石撞擊說」。

龍言龍語

這隻蛇頸龍來自「雙葉」地層，發現者名為「鈴木直」，因此一直被稱為「雙葉鈴木龍」，直到2006年才終於被描述為新種，也取了學名。

姍姍來遲的滄龍

唉，真好～好羨慕能上天或下海的動物喔…
一定比在陸地上更自由輕鬆吧。
冒出!!!
咦!!?
吞下
呀——
嘩啦——
嗯，陸地最讚了!!!
能夠腳踏實地的生活萬歲!!!

中生代海中最強的生物公認是全長18公尺的霍式滄龍（*Mosasaurus hoffmanni*），霍式滄龍的外型與克柔龍（*Kronosaurus*）這種「頭大脖子短的蛇頸龍（上龍類）」非常相似，不過滄龍與蛇、蜥蜴同樣是屬於「有鱗類」。

而滄龍類出現時，中生代已經快結束了，牠們從恐龍時代結束的2000萬年前開始一直是海中霸主。在滄龍類大獲成功的時代，「海洋缺氧事件」已經告一段落，海底缺氧使得魚龍類和上龍類走向滅絕，滄龍類的祖先就趁著海洋大型爬蟲類的棲位出缺，順利登堂入室。

滄龍類應該很快就適應了大海。恐龍有很長一段時間都無法進軍海底，海洋的大型掠食者棲位又出缺了，此時應該還是有些恐龍試圖適應海中的生活，然而最終是在不太起眼的有鱗類中冒出了中生代最強的海上霸主，代表恐龍落於人後了。

滄龍類有非常巨大的頭部，四肢也長成巨大的鰭，和上龍類很類似。不過滄龍類的尾巴很長，又有魚龍類的尾鰭，因此應該可以高速游泳。也就是說，這一群海底獵人兼具了上龍類與魚龍類的優勢，最終成為海洋頂端的掠食者，直到白堊紀末期都很興盛，於是恐龍進軍海洋的宿願還未了就面臨了滅絕的命運。

龍言龍語

滄龍類之所以能搶先恐龍一步進軍海洋，
有一說認為原因在於牠們是卵胎生，可以直接生出寶寶，
不必上岸，在水中就能生產。

哺乳類會吃恐龍？

耶～我抓到一隻詭異的毛毛怪了!!!
好耶，來吃中餐吧。
揮動
揮動
昨天晚上
張望
咻咻咻咻咻咻
張望張望…
媽媽——
對了，我昨天…
夢到自己的小孩被誰吃掉了。
也太可怕了吧。
嚼嚼
嚼嚼

在恐龍稱霸陸地的中生代，哺乳類一直過著忍氣吞聲的日子。恐龍和哺乳類在晚三疊紀的幾乎同一時期出現，為什麼哺乳類連恐龍的車尾燈都看不到呢？這個原因我們不清楚，不過在氧氣稀薄的三疊紀環境中，恐龍的氣囊可能是很大的優勢。進入侏羅紀時，地球的氧氣濃度雖然提升了，但是先機已經被恐龍搶走了，不太會因為一些小事就重新洗牌。於是哺乳類只能在恐龍的活動變遲鈍的夜裡徘徊，辨識顏色的能力退化，聽覺和嗅覺則變發達了，如今的哺乳類依然不太會辨識顏色可能就是這個緣故。

不過我們最近發現事情沒有那麼單純，中生代的哺乳類過去被認為頂多只有玄鼠大小，結果我們發現了強壯爬獸（*Repenomamus*）的化石，強壯爬獸如柴犬般「巨大」，而且腹部中還有角龍類群的鸚鵡嘴龍被吃掉的痕跡。

儘管強壯爬獸的獵物鸚鵡嘴龍還年幼，柴犬大小也只算是很小型恐龍的體型，這項發現依然是重要的證據。以前的哺乳類形象都是「掩龍耳目偷偷摸摸吃昆蟲的小動物」，這次發現卻證明了哺乳類依然有其多樣性，後來甚至有人提出了一個可能：鳥類飛向天空是為了躲避肉食哺乳類。

龍言龍語

我們逐漸發現了一些哺乳類多樣性的證據，
比方說遠古翔獸（*Volaticotherium*）能如鼯鼠般滑翔，
獺形狸尾獸（*Castorocauda*）能如河狸般游泳。

任何人都可以採集化石嗎？

採集化石並不需要特別的證照，雙葉龍或神威龍化石的第一發現者，也都是出於興趣採集化石的普通人。我們偶然發現的化石碎片，也有可能帶來世紀大發現。

不過並不是所有地方都能採集化石，首先，要調查你想找的是什麼年代的化石，那個時代的地層在哪裡露出了。有名的地層常常被指定為地質、礦物類的天然紀念物，在天然紀念物的指定區域，不只是化石，連昆蟲、草木甚至普通的石頭都受到日本文化財保護法的規範，未經核可不得採集。不過這些區域通常都有遊客中心，只要詢問主管機關，他們就會告訴你哪裡可以採集化石了。

順帶一提，海岸和河邊通常都是國有地，而日本的山林通常都是私有地，要是沒有地主的允許，不要說採集化石了，根本連進都進不去，需要特別注意。

加拿大的亞伯達和蒙古的戈壁沙漠都是有名的化石產地，或許會有人想去採集化石。旅行社不時會推出「化石採集之旅」有興趣的人不妨可以參加看看。

第6章

恐龍研究的羅曼史

第一隻被命名的恐龍——巨龍

我前面說目前有超過1100種恐龍被命名，這一篇要談的是第一隻被命名的恐龍。恐龍的首次命名是在的1824年，大約200年前，英國的地質學家威廉・巴克蘭（William Buckland）將18世紀末在牛津郡發現的大型爬蟲類化石描述為「*Megalosaurus*」（巨龍，又名斑龍），成為一切的濫觴。那個時代還沒有「恐龍」這個詞。

巨龍雖然是第一隻有名字的恐龍，牠本身卻沒有什麼名氣，因為巨龍太早被發現了，當時只要類似大型肉食恐龍的化石都會被視為巨龍。而且直到前一陣子之前，我們都還很難斬釘截鐵在圖鑑上介紹說：「這就是巨龍！」

補充一下，巴克蘭是英格蘭教會任命的地質學教授，也是神職人員，就他的立場，他無法做出違背《聖經》的主張。不知道他是不是曾經糾結過「《聖經》裡又沒寫以前有這麼大的肉食爬蟲類橫行過，要是公開後受到反基督者的毀謗就慘了」，不過在身邊的人鼓吹之下，他終於還是公開了自己的發現。

其實在他之前也有人發現過恐龍的骨頭，不過都被認為是大象或者巨人骨頭，不然就是在大洪水中死亡的未知動物。達爾文的《物種起源》到1859年才出版，在那個時代，宗教對科學的影響力還是非常強大的。

龍言龍語

魚龍和蛇頸龍是1821年被描述的，滄龍是1822年，與巨龍的時代差不多。

禽龍形象的沿革

好閒喔。
喂
要來搞笑一下嗎？
好啊～!!!
鏘鏘——!!
我是耍寶的獨角獸～!!!
再來是～
噹啦啦——!!!
踮腳站立獸!!!
哈哈哈哈哈
我在搞什麼啊…
好蠢喔。
是你自己玩起來的吧…

在巨龍之後第二隻被命名的恐龍是鳥腳類的禽龍，命名者是英國的小鎮醫生、業餘古生物研究者，吉迪恩・曼特爾（Gideon Algernon Mantell）。有一天他的妻子瑪麗在路上發現了發黑光的牙齒化石，她心想喜歡化石的先生應該會很開心，於是帶了回家。

曼特爾見到化石後相當震驚，他確定這是個未知的巨大生物，他把化石與現生的生物做比較，發現與美洲鬣蜥的牙齒如出一轍，就在1825年命名為「*Iguanodon*」（鬣蜥的牙齒）。當時推測禽龍全長有18公尺，但是對於牠的外型毫無頭緒。

後來又出土了禽龍其他部位的化石，1854年，在理察・歐文（Sir Richard Owen，參考169頁）的監修之下打造出了實物大的復原模型，這個四足步行、鼻子上長角的禽龍模型長得就像肥胖版的美洲鬣蜥。過幾年，1878年又出土了很多具禽龍的全身骨骼，這才發現模型鼻子上面的角是前腳的拇指骨，此時已經將禽龍的外型修改到很接近現在的形象了，不過禽龍依然是採取抬頭挺胸的「哥吉拉站姿」。後來過了100年左右發生了「恐龍文藝復興」，恐龍的尾巴不再著地，也將禽龍修改為前傾的姿勢，除了快跑的情況之外，通常都是前肢著地、四足步行。

恐龍的外型會隨著新的發現不斷修正，所以常常在不知不覺間就變得判若兩龍，感覺就像很久沒見的國中同學一樣。

龍言龍語

禽龍的發現者曼特爾太過熱衷古生物的研究，
一直無心醫生的工作，最後欠了一屁股債，瑪麗也離家出走了。

恐龍的命名者歐文是達爾文的宿敵

給予滅絕的巨大爬蟲類「恐龍」（*Dinosauria*）之名的是理察·歐文，歐文全力以赴創辦了大英自然史博物館，是第一代館長，也是當代首屈一指的比較解剖學家。他注意到巨龍和禽龍的化石與現生爬蟲類具有不同的特徵，於是在1842年提倡新的分類群「恐龍類」。

1854年，倫敦郊外的水晶宮展示了巨龍、禽龍等滅絕大型脊椎動物的實物尺寸模型，模型由歐文負責監修。復原模型有些地方與現在的認知南轅北轍，不過對於「恐龍」知識的普及上扮演了很重要的角色。模型是水泥製，現在依然存在。

歐文沒有進行化石的挖掘工作，不過他在軟體動物的鸚鵡螺、紐西蘭的巨鳥恐鳥、鴨嘴獸和有袋類等領域中都留下了一些重要的論文，第一個指出偶蹄類與奇蹄類屬於不同譜系的也是他。歐文的研究成果豐碩，名聲也響亮，不過隨著年紀增長，他開始變得自私自利又充滿攻擊性，於是就漸漸被邊緣化了。

最有名的故事是他攻擊了親近的友人查爾斯·達爾文。達爾文出版《物種起源》後，歐文的態度丕變，他開始死咬著達爾文進行猛烈的批評。一神信仰的歐文無法接受人類由獸類演化的事實，於是他在學會遭到排擠，晚景似乎相當淒涼……。

龍言龍語

歐文監修了巨龍和禽龍的復原模型，
現在去倫敦的水晶宮公園還是可以看到喔。

如果能克隆恐龍就輕鬆多了

複製動物的研究，在現實世界中也有人在進行。在《侏羅紀公園》的世界裡，有隻吸了恐龍血液的蚊子被凍在琥珀中，於是人類抽出其中的DNA製作出複製恐龍，而在我們的世界，製作複製龍的時代真的會到來嗎？

2017年，有一篇名為「9900萬年前被凍在琥珀裡的蜱蟲吸了恐龍的血」的論文發表了，這聽起來根本就是現實版的《侏羅紀公園》，這隻蜱蟲受到熱烈矚目，牠吸了有羽毛恐龍的血之後膨脹到一般的8倍之大。我們能從這隻蜱蟲取出恐龍的DNA嗎？

DNA在化學上是很安定的物質，但是依然有521年的半衰期，代表過521年會有1/2受損，過1042年會有3/4受損，即便在負5度的理想保存狀態下，預計過了680萬年還是會完全毀損。680萬年已經很長了，但是遠遠不及恐龍滅絕的6600萬年長。因此很遺憾，目前我們是不可能取出恐龍DNA的。

不過還是有人做了其他的實驗，比方說控制鳥類的DNA返祖為恐龍。確實有研究者指出，可以把雞改造成長尾巴、長嘴喙的「雞恐龍」……不過這充其量只是「類似恐龍的生物」，而且可能招致道德上的批判，因此最後並沒有實行。

龍言龍語

如果做得出複製龍，知道恐龍的羽色和智力，
恐龍研究就會大躍進了啊！

是新種還是個體差異，這是個問題

恐龍的全身骨骼是很難找到的，我們通常會以身體一部分的化石判斷牠是不是新種。各位也可以想像，光是靠部分的骨頭很難區別親緣關係近的恐龍，而且生物都有個體差異，是成年是年幼，是公是母，除了大小有差，外型也不盡相同。因此在研究的過程中常常造就出「被誤以為不同種的同種」和「被誤以為同種的不同種」。

假設是「被誤以為不同種的同種」，哪一個的名稱是有效的呢？就是比較早命名的那個名字。舉例來說，某個年紀以上的人應該都很熟悉「雷龍」，不過後來我們發現雷龍其實是年輕的迷惑龍，而且迷惑龍的化石先被命名，於是雷龍這個名稱就消失，統一為迷惑龍。

然而2000年有一個特別通融的案例。當時我們發現暴龍與更早被命名的*Manospondylus*是同種，照理說是暴龍這個名字會消失，不過暴龍實在是太有名了，於是國際動物命名法委員會認可這項特例，讓*Manospondylus*消失，只留下了暴龍。

龍言龍語

2015年又出現一個說法，
認為雷龍和迷惑龍應該是不同的恐龍，
因此現在「雷龍」這個名字又復活了。

從一小塊骨頭解碼的辦案能力

恐龍的化石通常只有牙齒或骨頭的一部分，但是為什麼圖鑑上卻畫得出恐龍的全身畫？其實我們通常是參考近親的恐龍，然後靠想像畫出全貌的，因此一旦有新部位的化石出土，恐龍畫也需要經過大幅調整。

挖到化石之後，會和岩石一起送去研究室清理，所謂的清理是用精密的鑽頭削去化石周邊的岩石，或者用弱酸侵蝕岩石，將化石從岩石中取出。這項作業需要繃緊神經以免破壞化石，有時候還要用黏著劑加以補強、透過顯微鏡仔細觀察，需要耐著性子進行。

清理作業結束、取出化石後，要進行全球化石的比對、翻查過去的論文，釐清化石是哪一種生物，此時需要的是分析各種蛛絲馬跡的辦案能力。無論是再小的骨頭，只要能注意到一些顯著的特徵，就可以拿來對照標本與資料，確定是哪一種生物，或者描述為新種。

比方說2018年和歌山縣出土的牙齒化石就是從「圓錐形，有細長的溝槽」、「琺瑯質很厚」等資訊，確定是棘龍類恐龍，因為這是其他恐龍或鱷魚沒有的特徵。

不過從牙齒能得知的就只有這麼多，沒辦法確定是什麼種，化石的解碼與偵探查案不同，沒有證據是不能推理的。

龍言龍語

棘龍有很多顆牙齒而且會不斷換牙，
脫落的牙齒很容易沉入水中淤泥變成化石，
因此博物館的禮品店也常常會賣。

我挖、我挖、我挖挖挖

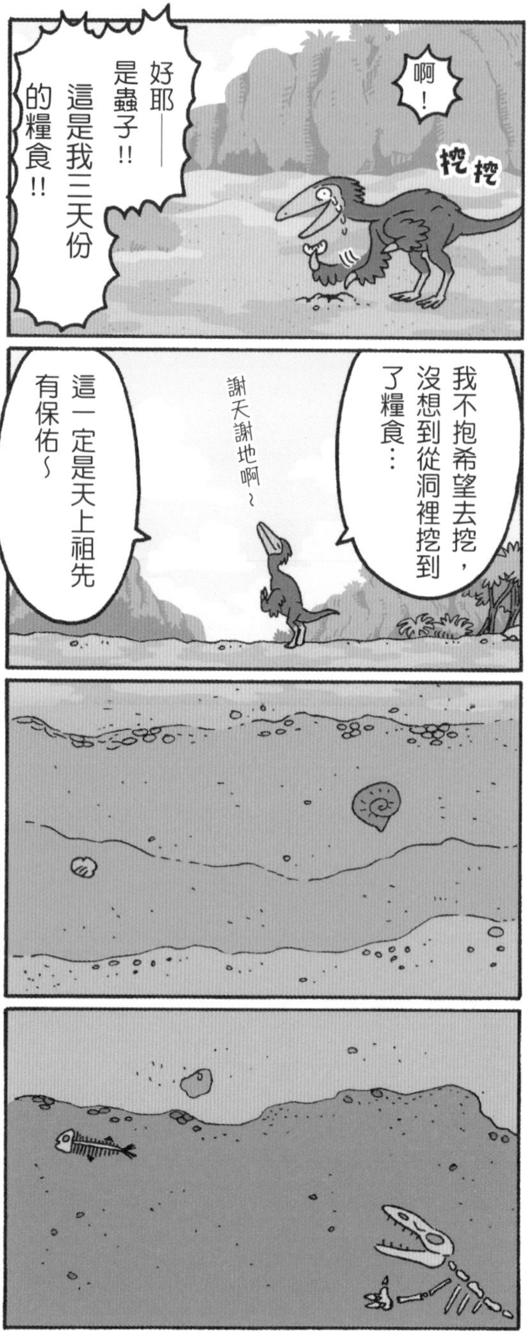

啊！
挖挖
好耶——是蟲子!!
這是我三天份的糧食!!
我不抱希望去挖，沒想到從洞裡挖到了糧食…
謝天謝地啊～
這一定是天上祖先有保佑～

發現化石的地層，就是這個生物死亡時代的地層。這應該不用我解釋，畢竟屍體又不能在地底下跑來跑去，因此恐龍的化石只會從中生代的地層出土。中生代的地層在哪裡呢？既然至少都6600萬年了，一定是在很深很深的地底……其實也不一定。要是地殼變動將地底深處的地層推擠出來，中生代的地層就有可能會露出地表。在一些為了造路而開鑿出的山壁上，可以看到地層如歪斜的法式千層酥一般，大概就是這種感覺。

雖然最初發現恐龍化石的是西歐，不過後來古生物挖掘的重心轉移到了北美。19世紀後半到20世紀初的古生物學家們像殺紅了眼一樣爭相開挖，結果出現了暴龍、異特龍、迷惑龍、三角龍等超級明星恐龍，這算是淘金熱的恐龍版呢。

後來一方面是古生物研究的熱潮平息了下來，另一方面是二次世界大戰的影響，世人對恐龍的注目很快就消退了。而重新為恐龍熱注入活水的，是約翰．歐斯壯。我前面也提過，他1964年在美國的蒙大拿州挖出恐爪龍，並提倡「恐龍內溫說」，掀起了一波「恐龍文藝復興」的巨浪。接著在1996年，中國遼寧省挖出「第一隻有羽毛恐龍」中華龍鳥，讓恐龍研究邁向了新的里程碑。

龍言龍語

愛德華．科普和奧塞內爾．馬什在19世紀後半接二連三發現許多新種的恐龍，可是在競爭白熱化後他們開始干擾對方，甚至還炸了古生物挖掘的現場。

為什麼日本不容易找到恐龍？

在恐龍橫行的中生代，日本列島還是亞洲大陸的一部分，而且是瀕臨太平洋的海岸地區，一下是陸地，一下又是海底，反反覆覆的，再加上美國的太平洋板塊不斷擠壓，日本附近的海底地層一直在崩塌之中沉積。這個情形持續到了今天，各位也知道日本是地震大國，因此日本常常找到菊石、三葉蟲、貝殼、鯊魚齒等海洋生物的化石，卻找不到恐龍化石。

沒想到1978年，岩手縣茂師出土了日本首例的恐龍化石。這次的化石是俗稱「茂師龍」的蜥腳類群恐龍，牠可能是在靠海的地方死亡，被捲入海底後才變成了化石。經過這次的發現，我們知道日本也能找到恐龍化石了。

後來在兵庫縣的篠山層群，以及北陸三縣到岐阜、長野縣的手取層群等，日本全國都發現了白堊紀的地層。然後兵庫縣發現了丹波巨龍（*Tambatitanis*），福井縣發現了福井龍（*Fukuisaurus*）和高志龍（*Koshisaurus*），這些都是早白堊紀的新種恐龍。

不過從全球的角度來看，發現比較多化石的地方是蒙古、中國、北美、阿根廷等沙漠地帶，畢竟我們只能從露出的地層找到化石，在七成國土都是森林的日本自然不容易找到。因此你的腳下搞不好也埋藏著恐龍的化石，只是地層還沒有露出來而已喔。

龍言龍語

1934年，當時屬於日本領土的庫頁島（現在是俄羅斯領土）
出土了鴨嘴龍類的日本龍（Nipponosaurus）化石，
這也可以說是日本首次發現的恐龍呢。

神威龍是世紀大發現

不是，我們沒有這個意思…
住口！
別以為裝傻就能了事!!
且慢。
啊!! 大人!!!
呵呵呵。
你們且慢，切忌以貌取人啊。
大人!!
呵呵呵…
仔細看啊，這兩位兄台…
外表是肉食者…
是我等植食之輩的敵手…
聽好，諸位!!
幹掉他們!!
欸欸欸!!
怒——!!

日本有很多的海洋地層，不過恐龍屍體被捲入海中之後，常常在成為化石前就身首異處，而且越是大型的恐龍就越難完美保存，因此我們一直以為日本不會出土大型恐龍的全身化石。

沒想到2003年，北海道鵡川町的晚白堊紀地層發現了後來被稱為「鵡川龍」的恐龍尾椎骨。不過因為這是海洋地層，當時判斷牠是在當地不怎麼稀奇的蛇頸龍化石，沒有經過仔細調查就結案了。

7年後，蛇頸龍的專家佐藤Tamaki老師觀察這個化石，發現牠有可能是恐龍。老師委託恐龍專家小林快次老師進行鑑定，確定這是鴨嘴龍類的恐龍。除此之外，小林老師還調查了出土現場環境，指出這裡可能埋有全身骨骼。後來他們說動鵡川町撥出預算，進行了兩次大規模的考古發掘，從開始調查後經過5年歲月，終於復原了全身骨骼。

他們不但找到很大型的恐龍，而且全身超過80%以上的骨頭都出土了，這兩件事都是日本首例。恐龍出土的地層是海洋地層，代表往後日本還是有可能找到大型恐龍的化石。這隻恐龍在2019年被描述、命名為「日本神威龍」（*Kamuysaurus japonicus*，意思是日本龍神）。龍神也是海神的意思，這是隻從7200萬年前的海底甦醒的恐龍，叫「龍神」應該名符其實吧。

龍言龍語

雖然一開始在鵡川町找到所以稱之為「鵡川龍」，
不過在取了學名之後就改名「神威龍」了。

從前從前的滅絕論爭

爹地啊，
今天的星星真美呢。
我看著天空，
偶爾會覺得夜空中的星星和我們的樣子很像。
唔喔喔喔喔
這樣會很奇怪嗎？
咻——
啊，有流星！

白堊紀末期，6600萬年前，恐龍的蹤影突然之間從地球上消失了。恐龍的消失是一個客觀的事實，這個時期除了恐龍，翼龍、蛇頸龍、滄龍、菊石也無法倖免，環境翻天覆地的變化造成75%的物種都滅絕了。這個時期之後的地層也產生了大幅的變動，因此之後的時代屬於「新生代」。

關於恐龍滅絕的原因，在超過100年前就有各式各樣的說法，比較主流的說法是「過度巨型化，無法支持自己的體重」和「月球異常接近引發大洪水」，另外也包括一些讓人懷疑「是認真的嗎」的說法，包括「哺乳類吃光了恐龍蛋」、「有毒植物的興盛」、「性病的蔓延」、「氣溫變動造成恐龍變性」、「演化到最後自取滅亡」等，假設超過60種。不過大部分的假設都是個人觀點，沒有客觀的證據。

在這樣的情況下，1980年如彗星般橫空出世的是「巨大隕石撞擊說」，這項說法的根據是，中生代與新生代交界的地層有很高的銥含量。銥是一種稀有元素，而隕石中可能含有大量的銥元素。這個說法是現在最有力的一種，當初發表的時候有不少的研究者都抱持質疑的態度，不過1991年，墨西哥猶加敦半島發現了隕石撞擊的痕跡（直徑160公里的希克蘇魯伯隕石坑），因此至少我們可以相信在恐龍滅絕的時期，確實有巨大隕石撞擊過地球。

龍言龍語

印度德干高原的巨大火山活動也是恐龍滅絕的一個有力原因，另外也有很多人支持隕石和火山活動的複合說。

有恐龍從大滅絕中倖存下來嗎？

為什麼隕石撞擊地球會造成恐龍滅絕呢？撞擊墨西哥猶加敦半島的是直徑10公里左右的隕石，隕石首先摧毀了半徑1000公里內的一切。隕石的撞擊更使得岩盤噴發出硫酸氣體，粉碎的隕石和岩盤又變成粉塵飄上天空，太陽長期被遮蔽使得植物枯萎，植食性恐龍與以植食性恐龍為食的肉食恐龍紛紛死亡。除此之外，硫酸氣體還形成了酸雨，從天而降的酸雨將浮游生物趕盡殺絕，海洋生態可能也發生了滅絕的連鎖效應。

有一說認為體型超過1公尺的陸生動物在這次事件中全數滅絕了，以鳥類而言，大約有75%的科別滅絕，不過小型的鳥類很多，小型鳥類應該就得以倖免。而當時的哺乳類更為小型，滅絕的科別推測只有23%。

目前地球上不存在非鳥類的恐龍，不過有一說認為某些恐龍從大滅絕中倖存了下來。阿拉摩龍是最大的蜥腳類群恐龍之一，2011年，有人以「鈾鉛定年法」分析阿拉摩龍的大腿骨與脊椎，發現這是6480萬年前的化石，這代表阿拉摩龍在新生代存活了120萬年。明明超過1公尺的生物都滅絕了，超過30公尺的阿拉摩龍卻得以倖存，這件事實在太過震撼，因此這個說法不太得到認可。目前定年分析的準確度還很低，大部分的意見認為「這只是誤差吧」。

恐龍並不是在一瞬間集體滅絕的，
或許有些恐龍活到了新生代初期呢。

龍言龍語

恐龍現在還活著嗎？

各位讀到這裡要是被問到「恐龍現在還活著嗎」，想必會秒答「當然啊」，因為鳥類就是恐龍嘛。不過如果被問的是「非鳥恐龍」現在還活著嗎，答案應該是「可能性無限趨近零」。可是如果真的有恐龍從大滅絕中倖存，牠們會是什麼模樣呢？

大家都知道，在白堊紀尾聲的大滅絕中，淡水的倖存率其實是最高的。比方說兩棲類的所有科別都在大滅絕中活了下來，原因在於隕石撞擊時釋放的礦物富含鹼性的鈣質，礦物飄落在遠不及大海深的淡水域時可能會沉積在河底，中和酸雨。

除此之外，倖存的鳥類大多都是以種子為食，大概是因為植物枯萎後，牠們依然不愁吃食吧，而且體型小需要的食物當然就會比較少。這樣一來，在水邊生活、以種子為食的小型恐龍也許就能熬過大滅絕，如果牠們的後代運氣好被隔離在某座離島上，現在依然存活的可能性就不是零。

不過要是發現這樣的恐龍，我們目前束之高閣的問題「鳥類與爬蟲類的界線」就會浮上台面。「活生生的恐龍」在科學上應該是「爬蟲類」還是「鳥類」？出版業界會把恐龍分類在鳥類還是兩棲、爬蟲類的圖鑑？你又是哪一派呢？

龍言龍語

喙頭目動物現在僅存兩種，
牠們是活躍於中生代的爬蟲類倖存者，
真希望恐龍也還在某個地方活著。

結語

這本書是寫給一些在長大的過程中不認識恐龍，如今卻想認識恐龍的讀者，因此我收錄的恐龍都經過精挑細選，加上翼龍和蛇頸龍也只有50種左右（順帶一提，某部給兒童閱讀的恐龍圖鑑收錄了大約500種）。

而關於恐龍的大小與能力，我也努力透過各位可能比較熟悉的現生鳥類與哺乳類進行比較。我們無法實際觀察恐龍，常常就會對恐龍腦補太多，因此希望在與現生生物比較後，讓各位知道「恐龍並沒有那麼超乎常理」。

恐龍是備受愛戴的古生物，恐龍研究也不斷有新的發現與假設出現，於是有人會認為「恐龍的知識馬上就過時了，沒有記誦的價值」。不過如果你願意正向思考，覺得「一直有層出不窮的新知令人興奮」，就代表你很有成為恐龍迷的潛質。

圖鑑製作者　丸山貴史

大家好！我姓松田！

我平常都在畫鳥類，好久沒畫恐龍了（繼自己的作品《始祖鳥》之後），因此這次的合作讓我非常期待！監修的田中老師和撰文的丸山老師真的幫了我很多忙，恐龍外型的細節與時代背景絕對不是「熱愛恐龍的插畫家」自己就能完成的，能夠參與製作這麼厲害的恐龍書，我覺得相當榮幸。

經過這次合作我重新體認到，恐龍和古生物的領域要仰賴很多人的想像力和考證才得以成立，每一根角、每一支趾爪都有各式各樣的假設與解釋，其中充滿了無限的可能性。

我的畫作雖然還不成熟，但希望我有勉勉強強捕捉到一點點這樣的可能性。

最後非常感謝各位購買這本書！

漫畫家　松田佑香

主要參考文獻

《講談社會動的圖鑑MOVE恐龍 新訂版》（講談社の動く図鑑MOVE恐竜 新訂版），講談社。
《NHK特輯 恐龍超世界》（NHKスペシャル恐竜超世界），國家地理雜誌。

日文版監修 田中康平

恐龍學家，畢業於北海道大學理學院、卡加利大學地球科學系，博士。曾為名古屋大學博物館日本學術振興會的特別研究員SPD，目前是筑波大學生命環境系助教。專業領域是恐龍的繁殖與養育行為，在全世界奔走尋找恐龍蛋的化石。在NHK廣播「孩子暑假的科學電話商量」中，也是大家熟悉的答題來賓。主要的監修書籍包括《開窗圖鑑 恐龍》（まどあけずかん きょうりゅう）、《NHK孩子的科學電話商量 恐龍特輯！》（NHK子ども科学電話相談 恐竜スペシャル！），以及監譯《恐龍的教科書》（恐竜の教科書）、《恐龍與古代生物圖鑑》（恐竜と古代の生き物図鑑）。

執筆 丸山貴史

圖鑑製作者，曾任職於Nature pro編輯室，也去內蓋夫沙漠進行過蹄兔的調查。目前擔任Aardvark Co.,Ltd. 的董事長，進行圖鑑製作的工作。
主要作品有《我跟地球掰掰了：超有事滅絕動物圖鑑》（わけあって絶滅しました。世界一おもしろい絶滅したいきもの図鑑）、《遺憾的生物事典》（ざんねんないきもの事典）、《雙雙對對的動物圖鑑》（生まれたときからせつない動物図鑑）。並監譯《從出生就很悲情的動物圖鑑》（つがい動物図鑑），以及編輯《世界珍獸圖鑑》（世界珍獣図鑑）等。設有YouTube頻道「很有事的遺憾生物故事」（わけあってざんねんないきものの話）。

漫畫 松田佑香

漫畫家，武藏野美術大學視覺表達設計系畢業。在學中開始創作以鳥類生態為主題的漫畫，著有漫畫《地面的生活》（ぢべたぐらし）、《今天的小蘇》（きょうのスー）、《始祖鳥》（始祖鳥ちゃん）、《鵪鶉的時間》（うずらのじかん）、《和路邊的野鳥做朋友》和繪本《鯨頭鸛阿八》（ハシビロコウのはっちゃん）等。

譯者 陳幼雯

國立臺灣師範大學國文系、輔仁大學跨文化研究所翻譯學碩士班中日組畢業，現為在處處聞啼鳥的都市中走跳的自由筆譯工作者。心靈原鄉是鴨川、難波、溫羅汀和花蓮，分靈體存放在各大電影院和師大本部，譯有《鳥類學家的世界冒險劇場》、《和路邊野鳥做朋友》。

歡迎來信指教：honyakujinsei@gmail.com

中文版審訂 蔡政修

古生物學家，任職於台灣大學生命科學系及生態學與演化生物學研究所。就好像這本帶領大家入門恐龍世界的科普書一樣，我的小小心願之一也是藉由更多新發現與有趣的古生物研究成果，在不久的將來也能寫出給大家的台灣古生物入門書籍。

和古代恐龍做朋友

歡樂又認真的基礎知識解說 × 四格超瞎日常小劇場，恐龍呆萌史前生活大公開！

いまさら恐竜入門

作　　者　田中康平（監修）、丸山貴史（執筆）
　　　　　松田佑香（漫畫）
翻　　譯　陳幼雯
封面設計　Narrative
內頁排版　賴姵伶
行銷企劃　林瑀、陳慧敏
行銷統籌　駱漢琦
業務發行　邱紹溢
營運顧問　郭其彬
責任編輯　劉文琪
總 編 輯　李亞南
日文版設計　室田潤（細山田デザイン事務所）
日文版編輯協力　芦田安信、向笠修司

出　　版　漫遊者文化事業股份有限公司
地　　址　台北市松山區復興北路331號4樓
電　　話　(02) 2715-2022
傳　　真　(02) 2715-2021
讀者服務信箱　service@azothbooks.com
漫遊者臉書　www.facebook.com/azothbooks.read
漫遊者書店　www.azothbooks.com
劃撥帳號　50022001
戶　　名　漫遊者文化事業股份有限公司

發　　行　大雁文化事業股份有限公司
地　　址　台北市松山區復興北路331號11樓之4

初版一刷　2022年9月
定　　價　台幣420元

ISBN　978-986-489-697-4

國家圖書館出版品預行編目 (CIP) 資料

和古代恐龍做朋友：歡樂又認真的基礎知識解說X四格超瞎日常小劇場，恐龍呆萌史前生活大公開!/ 丸山貴史執筆；松田佑香漫畫；陳幼雯譯. -- 初版. -- 臺北市：漫遊者文化事業股份有限公司出版：大雁文化事業股份有限公司發行, 2022.09
面；　公分
譯自：いまさら恐竜入門
ISBN 978-986-489-697-4(平裝)
1.CST: 爬蟲類化石 2.CST: 漫畫 3.CST: 通俗作品
359.574　　111013426